GUIDE D'INITIATION AUX CHAMPIGNONS SAUVAGES DU QUÉBEC

Guylaine Duval

GUIDE D'INITIATION AUX CHAMPIGNONS SAUVAGES DU QUÉBEC

GUYLAINE DUVAL, artiste, auteure et mycologue

ISBN
Broché: 979-8-90190-320-9

Numéro d'enregistrement des droits
d'auteur: 1243784

Dépôt légal

Bibliothèque et Archives nationales du Québec, 2021

Bibliothèque et Archives du Canada, 2021

Illustrations : Guylaine Duval

sauf p.106, 107, 198, 230 et 272, crédit à Richard Nadon

Photos : Guylaine Duval

Conception graphique et mise en page : La Métisse

Révision : La Métisse

Correction : Marie-Geneviève LeBrun

www.champignonssauvagesdenosbois.com

Dédicace

À ma mère,
qui m'a transmis la passion
des champignons, du dessin et des arts.

À mon père,
qui m'a transmis la passion de la recherche,
de la connaissance et du travail bien fait.

À ma fille Chloé,
qui cueille avec moi depuis qu'elle est née,
même si elle me dit qu'elle n'aime pas
les champignons!

Et à tous ceux qui pensent à moi
lorsqu'ils voient un champignon!

Mise en garde

J'ai écrit ce livre au meilleur de mes connaissances et de mon expérience.

C'est un guide d'initiation, donc j'ai volontairement simplifié certaines données pour que le lecteur se concentre sur l'apprentissage des espèces, les critères d'identification, où et comment les trouver.

Je n'ai pas inscrit toutes les déclinaisons des noms des espèces, il y a plusieurs bons guides qui le font et que je vous suggère. Vous avez le principal dans mon livre pour débuter et pousser plus loin votre apprentissage.

J'ai choisi de mettre une majuscule aux noms des champignons, par respect pour leur présence qui anime mon imagination depuis ma tendre enfance.

L'apprentissage des champignons se fait lentement. On apprend à chaque fois que l'on se penche pour les observer, les toucher, les sentir et les goûter. On apprend même quand on ne réussit pas à identifier un spécimen.

Avec plus de 20 ans d'expérience, j'en apprends encore. Et c'est bien comme ça.

La cueillette aussi se fait lentement. Le marcheur pressé ne verra rien. Découvrir les champignons, c'est aussi découvrir leur environnement et leurs secrets.

Bonnes cueillettes!

Remerciements

Jamais je n'aurais pu accomplir ce travail colossal d'écriture sans l'aide et la patience de personnes chères à mon cœur :

Mon amie Isabelle La Métisse, merci pour tout le travail de mise en page, de lecture et de relecture, pour ton œil de lynx pour trouver les manques, les anomalies et les suggestions pour améliorer l'expérience du lecteur.

Gratitude également aux lecteurs : je vous souhaite une « Cueillette Miraculeuse! ». Merci de cueillir avec respect.

Aux Champignons : merci de m'accompagner sur mon chemin de vie.

Mille mercis. Je suis comblée et choyée.

TABLE DES MATIÈRES

TABLE DES MATIÈRES

TABLE DES MATIÈRES

TABLE DES MATIÈRES

TABLE DES MATIÈRES

TABLE DES MATIÈRES

TABLE DES MATIÈRES

TABLE DES MATIÈRES

TABLE DES MATIÈRES

TABLE DES MATIÈRES

De mère en fille

Nous habitions au 13, rue Plamondon à Arthabaska. J'étais alors en deuxième année à l'école Mgr Milot. Nous devions faire une recherche et j'ai choisi de parler des champignons. C'est un des rares bons souvenirs que j'ai gardés de l'école : aller à la bibliothèque pour choisir des livres, lire, organiser la recherche, préparer les illustrations et concevoir la page couverture illustrée. Élaborer un tel travail était pour moi une source de grande satisfaction.

Pour cette recherche sur les champignons, ma mère, qui connaissait quelques espèces et cueillait à l'occasion, m'avait prêté ses livres sur les champignons. Un de ces guides, publié par une maison d'édition européenne et intitulé « Champignons comestibles et vénéneux », par Marcel Locquin et Beng Cortin, comprenait plusieurs illustrations et très peu de texte. En le feuilletant, j'admirais les champignons aux couleurs variées : jaune or, vert tendre, rouge, orange, bleu, violet...

Les champignons épousaient également des formes multiples qui ressemblaient à des parasols, des trompettes, des coraux, des coupes, des étoiles. Quelques étranges champignons étaient dotés d'un long tube blanchâtre qui sortait de ce qui ressemble à un œuf et dont l'extrémité verdâtre, gluante et puante était couverte de mouches et d'insectes. Tout cela m'impressionnait, me fascinait, me faisait peur!

Au moment de préparer les dessins, ma mère m'a donné un coup de main. Elle a un peu fait mon devoir...mais bon, peut-être que j'avais de la difficulté à dessiner les champignons, ou peut-être avait-elle juste envie de dessiner de beaux champignons avec ma boîte de 48 beaux crayons Prismacolor, tous placés en ordre, commençant par le bleu marine au numéro 901 et se terminant par le noir, le doré et l'argent, elle me dessina des champignons qui étaient de toute beauté.

Mon préféré : le Cortinaire violet! (Plus tard, j'apprendrai qu'il existe ici au Québec! Même si sa saveur n'est pas vraiment excitante, sa couleur l'est!). Quand je ferme les yeux, je le revois, en haut de la feuille de cartable lignée, coloré en violet (crayon Prismacolor numéro 931), décoré de brindilles et de feuilles à la base, pareil à celui qui était dans le livre de ma mère. Je dirais même qu'il était plus beau que celui du livre parce que c'était MA mère qui l'avait dessiné. J'aurais tant voulu dessiner aussi bien qu'elle!

Est-ce ainsi que j'ai eu la piqûre? Je ressentais un mélange de peur et d'admiration face aux champignons parce que ces plantes étranges que mes parents rapportaient à la maison, lors de leurs cueillettes, hantaient mon imagination.

Chaque fois que la table basse du salon était couverte de champignons, je craignais le pire pour toute la famille. Dire que ma mère réussissait à nous en faire manger! En fait, je me souviens des soupes aux Coprins chevelus et des Marasmes d'Oréades sautés au beurre qu'elle nous préparait. Ma mère était indéniablement une excellente cuisinière.

Je me souviens d'avoir cueilli des Coprins chevelus en me rendant à l'école, un certain matin d'automne. J'ai osé demander à mon professeur de les garder au frais pour que je puisse les rapporter à la maison en fin de journée. En 1970, ce n'était pas très courant des cueilleurs de champignons. D'un air franchement dégouté, elle a marmonné : Hum....ça se mange ces affaires-là ? Je lui ai assuré que oui et que c'était même très bon. L'histoire de la petite fille aux champignons a fait le tour de la salle des profs et on est passé pour une famille de bizarroïdes!

Voici donc la suite de ma recherche sur les champignons, ma mère n'est plus là pour m'aider, elle est décédée des suites d'un cancer, mais j'ai hérité de ses livres sur les champignons, de sa curiosité ainsi que de ses talents de cuisinière et de dessinatrice.

Plusieurs années plus tard, en 2002, ma fille Chloé, 7 ans, fréquentait l'école primaire à Sainte-Agathe-des-Monts. Par un beau matin d'octobre, nous avons fait l'école buissonnière. Je l'ai amenée cueillir des champignons. Le lendemain, elle a raconté à Mme Marie, sa professeure, qu'elle avait cueilli des Bolets et des Pleurotes avec sa maman. Les temps ont changé. Mme Marie, loin d'être dégoutée, était curieuse et fascinée; elle voulait tout savoir sur notre cueillette et sur les champignons. Ma fille était tellement fière quand, à la demande de Mme Marie, je suis allée rencontrer les élèves de sa classe pour leur parler des champignons!

J'imagine que ma mère doit être pas mal fière aussi! Merci maman pour ce généreux héritage qui se transmet pour moi de mère en fille, et par toutes les personnes avec qui j'ai partagé mon savoir depuis plus de 30 ans.

INTRODUCTION

Ce guide a pour but de démystifier les champignons sauvages et de les présenter en catégories de manière à en simplifier l'apprentissage. Je commence par les notions de base qui s'appliquent à tous les champignons et les indices qui vous permettront d'identifier les espèces.

Le chapitre sur les empoisonnements est court, mais il explique l'essentiel, principalement comment ne pas vous empoisonner et pourquoi les gens s'empoisonnent. Je décris les types d'empoisonnement avec leurs principaux symptômes et j'indique les espèces qui sont susceptibles de les provoquer.

L'identification des espèces s'effectue selon cinq types de formes facilement observables sur le terrain. Ce sont les champignons à lamelles, à tubes, à plis, à aiguillons et toutes les autres formes. Dans chacune de ces catégories, je décris les espèces dont vous devrez vous méfier et celles que vous pourrez identifier avec facilité.

Je conclus avec quelques recettes.

Si vous aimez la nature, la cueillette des champignons vous offrira des années de plaisir à vous promener dans les bois à l'affût de ces précieux végétaux, et aussi le plaisir de les déguster.

Bon voyage dans le monde merveilleux des champignons. Soyez prudents et profitez des richesses de nos belles forêts tout en la respectant!

Guylaine Duval

1. NOTIONS DE BASE

LE CYCLE DE VIE DES CHAMPIGNONS

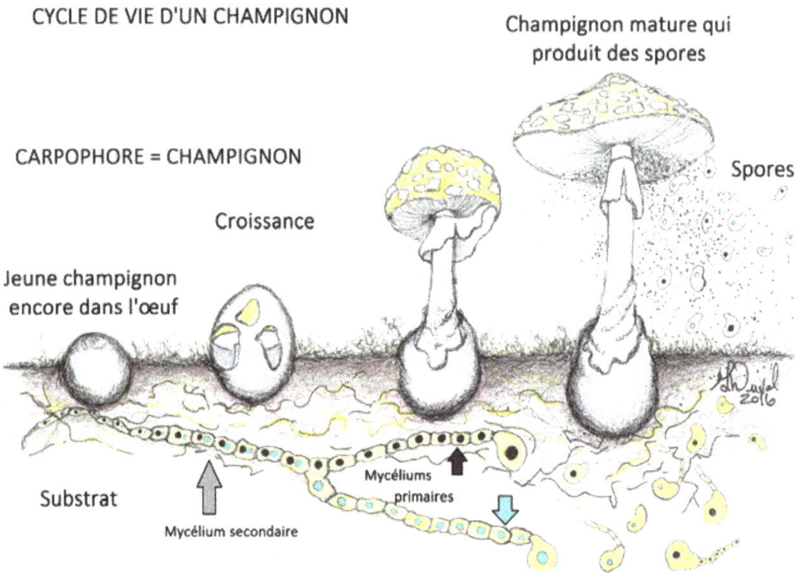

Dans les temps anciens, on croyait que les champignons poussaient spontanément.

Déjà, on savait que la pluie jouait un rôle, puisque la croyance était que « chaque coup de tonnerre faisait apparaître des champignons ». La réalité est quelque peu différente et plus complexe.

Les champignons ont besoin d'humidité pour pousser, mais il n'y a rien de spontané dans leur croissance.

La partie que l'on voit et qu'on nomme communément « champignon » est, d'une certaine manière, le « fruit » parce que cette partie porte les semences du champignon. Le vrai nom de cet appareil est **carpophore**.

NOTIONS DE BASE

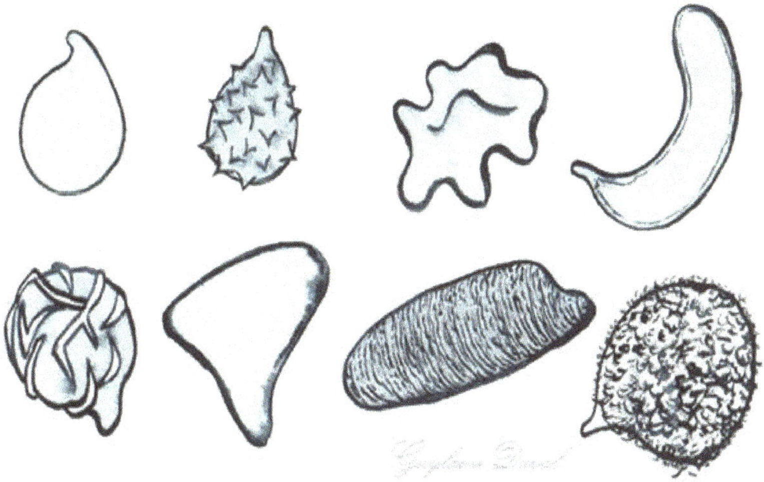

Comme les semences des plantes supérieures, les spores grossies au microscope ont diverses formes, couleurs et grosseurs.

Les semences, qu'on ne voit pas à l'œil nu, sont appelées **spores**.

Les spores ont plusieurs formes, grosseurs et couleurs, et elles réagissent de manières différentes à divers éléments chimiques. Ces critères permettent aux scientifiques d'identifier et de classer les champignons en différentes familles.

Les spores, légères et volatiles, sont éjectées de l'**hyménium** et emportées par des courants d'air le plus loin possible. Lorsqu'elles tombent dans un endroit propice à leur germination et que les conditions sont adéquates, les spores se développent et forment le **mycélium**.

NOTIONS DE BASE

On voit parfois les spores autour des champignons (le blanc sur la mousse).

Les vigoureux filaments d'un mycélium.

NOTIONS DE BASE

Le mycélium est composé de longs filaments qui s'étendent dans le sol et digèrent la matière organique. Il peut vivre dans le substrat qu'il décompose aussi longtemps que les conditions le permettent et qu'il a de la nourriture, soit la matière organique qu'il décompose (le substrat).

Le mycélium est très robuste, il peut survivre aux sécheresses, au froid et à d'autres conditions climatiques extrêmes. Cependant, il est vulnérable aux pesticides, aux produits chimiques et aux changements de son milieu de croissance, par exemple un déboisement, même partiel, ou encore des travaux de construction ou de terrassement.

Lorsque le mycélium est bien nourri, que les conditions de température et d'humidité sont adéquates, le carpophore, ou champignon, fait son apparition. Il commence par un renflement du mycélium, qui grandit plus ou moins rapidement selon les espèces. Le champignon présente des formes et des couleurs très différentes selon son degré de maturité, ce qui peut confondre les débutants.

Mais, imaginez une plante, un plant de tomate par exemple. La semence germe et produit un petit plant dont les deux premières feuilles sont très différentes des suivantes. Ensuite, le plant fait des fleurs, puis des fruits, qui au tout début sont de petites boules vertes qui aboutissent à maturité à de belles tomates rouges.

Les champignons vont s'élever sur le pied et ouvrir leur chapeau pour libérer les spores matures. Durant ce processus, ils changent de forme et de couleur. Les conditions climatiques peuvent aussi changer la couleur et l'apparence du champignon.

NOTIONS DE BASE

Divers stades de croissance de l'Amanite tue-mouches.

NOTIONS DE BASE

Les conditions climatiques peuvent changer l'apparence des champignons. Ci-haut, beaucoup de pluie, tandis que la photo du bas est prise dans des conditions plus sèches.

NOTIONS DE BASE

QUELQUES DÉFINITIONS

CARPOPHORE : appareil fructifère des champignons. Ce qu'on appelle communément un champignon.

HYMÉNIUM : surface fertile du champignon, par exemple les lamelles, les tubes ou les alvéoles des morilles.

SPORES : semences microscopiques des champignons.

MYCÉLIUM : ensemble des filaments souterrains qui constituent la partie végétative du champignon.

SUBSTRAT : ce qui sert de support à la croissance du mycélium (compost, humus, bois…).

HABITAT : milieu où vit et se développe le champignon.

MÊLÉ-E : forêt composée d'arbres feuillus ou de conifères. Mycologue débutant.

SYMBIOSE : association bénéfique entre deux êtres vivants, par exemple un arbre ou une plante et un champignon.

SESSILE : se dit d'un champignon dépourvu de pied.

NOTIONS DE BASE

DES RECYCLEURS EFFICACES

Lorsqu'on croyait que les champignons naissaient spontanément des éclairs et du tonnerre, on les associait dans certains pays d'Europe à la pourriture, à la mort, aux sorcières, aux crapauds et aux vipères. On sait aujourd'hui que le rôle des champignons est beaucoup plus complexe.

Les champignons sont des décomposeurs, ils réduisent la matière organique organisée à son état originel et lui permettent d'être réutilisée dans la nature. Si les champignons et autres décomposeurs n'existaient pas, le tapis de feuilles atteindrait le sommet des arbres.

Les effets des champignons sur leur environnement sont loin d'être tous négatifs. Leur rôle est indispensable dans la nature et, contrairement à ce que l'on peut croire, peu de champignons sont des parasites détestables.

On divise les décomposeurs en trois groupes et chacun joue un rôle important dans la nature.

Lépiote lisse

LES PARASITES

LES SAPROPHYTES

LES SYMBIOTES

NOTIONS DE BASE

L'Armillaire couleur de miel est un champignon parasite.

NOTIONS DE BASE

LES PARASITES

Comme leur nom l'indique, ces champignons nuisent à l'hôte sur lequel ils s'installent. Il est rare qu'un parasite envahisse un hôte absolument sain, il s'insère plutôt dans une blessure ou profite d'une faiblesse quelconque. Les Polypores, ces champignons à texture très coriace qui ornent les arbres, sont un exemple de parasite.

Les spores des Polypores sont produites par millions et même plus. Elles vont s'insérer dans la blessure d'un arbre et germer. Le mycélium digère les fibres de cellulose, ce qui affaiblit l'arbre qui est ensuite envahi par des insectes et d'autres organismes qui vont finalement l'achever.

Un autre exemple de parasites est l'Armillaire couleur de miel, une espèce comestible pour nous, mais qui cause une carie néfaste pour l'arbre qu'il colonise. Certaines années, cette espèce offre un spectacle par son abondance incroyable. Il pousse en touffes à la base des arbres, dans des blessures ou sur le bois enfoui, il sort généralement presque tout en même temps et en quantité astronomique.

Polypore de l'artiste [Ganoderme applanatum) est un parasite de faiblesse.

NOTIONS DE BASE

Le Pleurote en forme d'huître est un champignon saprophyte. Quand on le trouve, c'est souvent en grande quantité, sur les feuillus. Il pousse parfois haut dans les arbres, au grand désespoir des cueilleurs!

NOTIONS DE BASE

LES SAPROPHYTES

Lorsque les champignons poussent sur de la matière organique morte comme du fumier, du bois mort, des feuilles mortes ou tout autre débris organique, on les appelle des saprophytes. Lorsqu'un champignon parasite continue à vivre sur l'hôte qu'il a détruit, il devient à son tour un saprophyte. Ce sont habituellement les champignons saprophytes qui font l'objet de cultures puisque leur milieu de croissance est facilement reproduit et contrôlable.

Le champignon de Paris est un des champignons les plus cultivés au monde. Il pousse sur du fumier de cheval. Sa culture industrielle a débuté au XVIIe siècle, en France, où l'on entassait le fumier de cheval dans des carrières souterraines abandonnées.

Le Pleurote est aussi un champignon que l'on cultive volontiers et que l'on retrouve de plus en plus sur les tablettes des supermarchés. Pour le cultiver, on empile les billes de bois de feuillus sur lesquelles ils poussent et on inocule ces billes avec du « blanc de champignon », aussi appelé mycélium. Il en va de même du Shiitake, qui pousse aussi sur du bois de feuillus. On retrouve le petit cousin du champignon de Paris, l'Agaric champêtre, ainsi que le Pleurote, à l'état sauvage ici au Québec.

Cueillette de Bolets à pied creux.
Ce champignon pousse en association avec les mélèzes.

NOTIONS DE BASE

LES SYMBIOTES

Le troisième type de croissance réunit les champignons qui poussent en symbiose avec d'autres espèces végétales.

Les symbiotes, ou mycorhizes, forment une association bénéfique pour l'hôte et le champignon. Le symbiote se développe exclusivement en présence de l'hôte approprié, soit une essence en particulier d'arbre, de plante de ou graminée.

Le mycélium pénètre les racines de son hôte, il l'aide à aller chercher dans le sol les éléments nutritifs dont il a besoin pour se nourrir. Un arbre qui possède son champignon symbiotique sera en meilleure santé, plus résistant aux maladies et aux intempéries.

Pour le mycologue amateur, les symbiotes offrent un indice d'identification supplémentaire. Certains excellents champignons, notamment plusieurs Bolets, poussent en symbiose avec une ou des essences d'arbres. Par exemple, le Bolet élégant est associé aux mélèzes et le Bolet granulé au pin blanc.

Pour des fins d'identification, il est utile de noter dans quel milieu en particulier poussent les champignons que vous avez trouvés. De plus, en connaissant bien les milieux où poussent vos champignons préférés, il sera plus facile de les dénicher.

Page précédente:
S'il y a des mélèzes, il y a de bonnes chances pour que vous trouviez le Bolet élégant en grande quantité, aux mois de septembre et octobre.

NOTIONS DE BASE

Il existe plus de 3000 espèces de champignons au Québec. Voici un tableau approximatif de leur répartition en fait de comestibilité.

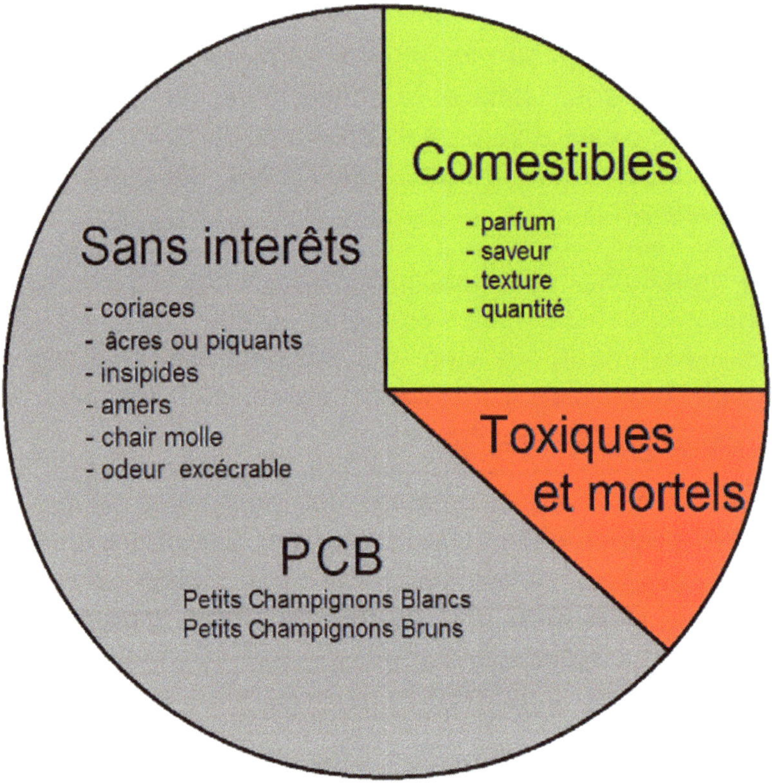

GRIS : La grande majorité des champignons sont sans intérêts pour la consommation.

ROUGE : Un faible pourcentage de champignons sont toxiques, dangereux ou mortels.

VERT : Environ le quart des champignons sont intéressants pour la consommation.

NOTIONS DE BASE

LES PCB

PCB est une abréviation pour **p**etits **c**hampignons **b**runs, ou petits champignons **b**lancs, mais cette catégorie inclut plusieurs autres champignons de couleurs variées, et même certains qui ne sont pas si petits.

Leur lien commun est qu'ils sont tous très difficiles à identifier sans l'aide d'un microscope, parce qu'ils n'ont aucune caractéristique particulière qui permet de les identifier à l'œil nu. De plus, ils n'ont aucun intérêt pour le mycologue gastronome.

Sur les 3000 espèces de champignons que l'on retrouve au Québec, plusieurs sont des PCB. Avec un peu d'expérience, un mycologue averti peut identifier environ 200 champignons, qu'il lui sera utile de connaître parce que certains sont comestibles, tandis que d'autres sont dangereux.

Concentrez-vous sur les espèces qui vous semblent avoir des caractéristiques saillantes. Si vous ne réussissez pas à identifier vos champignons du premier coup, ne vous découragez pas, vous avez quand même appris quelque chose. La persévérance et l'observation feront de vous un bon mycologue.

Exemple de PCB : Petits champignons bruns difficiles à identifier.

NOTIONS DE BASE

PÉRIODE DE CROISSANCE DES PRINCIPAUX CHAMPIGNONS COMESTIBLES

ESPÈCE	HABITAT	mai	juin	juil	août	sept	oct	nov
Morille conique	Peupliers	XXX						
Agaric bitorquis (Psalliote des trottoirs)	Pelouses et haies	XXXX	XXXX	XXXX	XXXX	XXXX	XXXX	
Marasme d'Oréades	Pelouses	X	XXXX	XXXX	XXXX	XXXX	XXXX	
Pleurote en forme d'huître	Sur les feuillus, morts ou vivants (temps frais)	XXXX	XXXX	XXXX	XXXX	XXXX	XXXX	XXXX
Morille	Feuillus, orée des bois, lieux dégagés	XX	XX					
Bolet orangé	Pins et peupliers		XXXX	XXXX	XXXX	XXXX	XX	
Bolet granulé	Pins blancs (temps frais)		XXXX	XXXX	XXXX	XXXX	XXXX	
Chanterelle ciboire	Parcs, sous les sapins	X	XXXX	XXXX				
Bolet edulis (Cèpe)	Épinettes, sapins		X	XXXX	XXXX	XXXX		
Bolet bicolore	Hêtres et chênes			XXXX	XXXX			
Trompette des morts	Hêtres, chênes, pruches, pins blancs, sapins			XXXX	XXXX	XX		
Hypomyces lactifluorum (Champignon homard)	Feuillus et conifères			XXXX	XXXX	XXXX		

NOTIONS DE BASE

ESPÈCE	HABITAT	mai	juin	juil	août	sept	oct	nov
Vesse-de-loup géante	Bois clairs et terrains vagues			XXXX	XXXX	XX		
Bolet bleuissant	Bords des sentiers, bouleaux			XXXX	XX			
Lycoperdon (Vesse-de-loup perlée)	Conifères				XXXX	XXXX		
Lépiote élevée	Bois clairs et milieux ouverts			XXXX	XXXX			
Hydne sinué	Feuillus et conifères			XX	XXXX	XXXX	XX	
Lactaire délicieux	Conifères				XXXX	XXXX		
Lactaire enfumé	Conifères				XXXX	XXXX		
Coprin chevelu	Pâturages, pelouses				XX	XXXX	XXXX	
Chanterelle en tube	Hêtres, mousse				XX	XX		
Armillaire ventru	Épinettes, pinèdes				XX	XXXX	XX	
Clavaire cendrée	Pinèdes, mousse, conifères				X	XXXX	X	
Rozite ridée	Bois conifères et mixtes				X	XXXX		
Entolome avorté	Bois mort de feuillus				X	XXXX	XX	
Bolet à pied creux	Mélèzes, bois humides de conifères et mixtes				X	XXXX	X	
Bolet élégant	Mélèzes					XXXX	XX	
Armillaire couleur de miel	Bois mort ou vivant					XXXX		
Clitocybe omboné	Mousse, sous les conifères					XXXX	XXXX	X
Tricholome équestre	Peupliers et conifères					XXXX	XXXX	
Lépiste nu (pied bleu)	Orée des bois, sur les débris organiques					XXXX	XXXX	XX
Pleurote tardif	Sur les feuillus morts ou vivants					XX	XXXX	XX

2. LES EMPOISONNEMENTS

Les premiers symptômes des divers types d'empoisonnements aux champignons se ressemblent: crampes, nausée, en gros on se sent pas bien.

Empoisonnements de type :

HALLUCINOGÈNES
Psilocyne - Psylocybine
Acide iboténique - Muscimol

COPRINIENS
RÉSINOÏDIENS
(style gastro)
MUSCARINIENS

Empoisonnements de type:

PHALLOÏDIENS
GYROMITRIENS
PAXILLIENS
ORELLANIENS

PREMIERS SYMPTÔMES entre 1/2 heure et 3-4 heures après la consommation des champignons

PREMIERS SYMPTÔMES plus de 6 heures après la consommation des champignons

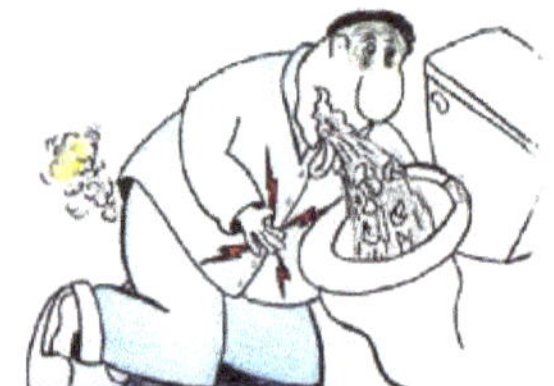

EMPOISONEMENTS NON MORTELS

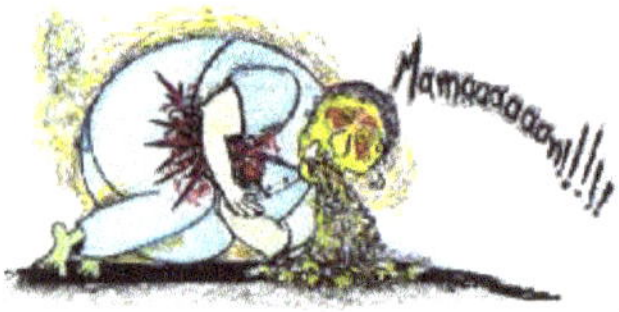

MORTELS

LES EMPOISONNEMENTS

GÉNÉRALITÉS

La question des empoisonnements aux champignons est l'une des plus fascinantes, complexes et mal connues de la mycologie. Toutes proportions gardées, il y a beaucoup plus de plantes toxiques et mortelles que de champignons vénéneux.

Pourtant, pour beaucoup d'entre nous, les champignons évoquent les pires scénarios. Ils ont mauvaise réputation. Les accidents, lorsqu'ils surviennent, font les manchettes. Comme manger est une activité qui se fait souvent en groupe, parfois tous les membres d'une même famille peuvent être victimes d'un empoisonnement et en mourir.

Les empoisonnements aux champignons sont complexes, parce que de toute évidence, la personne qui s'empoisonne a confondu une espèce qu'elle croyait comestible avec une autre ou n'a tout simplement pas procédé à l'identification.

Il est difficile alors de déterminer exactement quelle espèce a provoqué l'empoisonnement. Par chance, on peut traiter un empoisonnement aux champignons sans connaître l'identité exacte du champignon responsable. À l'hôpital, on traite en fonction des symptômes.

Le délai entre la consommation et l'apparition des symptômes est l'indicateur le plus important pour déterminer le type et la sévérité de l'empoisonnement. En règle générale, plus le délai est long entre la consommation et l'apparition des premiers symptômes, plus l'empoisonnement est sérieux.

LES EMPOISONNEMENTS

GÉNÉRALITÉS

Un empoisonnement à l'Amanite vireuse, qui est un champignon mortel, peut prendre plus de 24 heures avant que les premiers symptômes se manifestent.

Les symptômes persistent dix à douze jours, empirant toujours, avant que la victime succombe dans d'atroces douleurs.

En général, les empoisonnements les moins sévères, de type gastro-intestinal, apparaissent entre 20 minutes à trois heures après l'ingestion. La personne en est quitte pour une bonne indigestion, parfois suivie de diarrhée et d'autres troubles d'ordre gastrique plus ou moins prononcés, qui peuvent durer de quelques heures à quelques jours en s'atténuant régulièrement.

LES EMPOISONNEMENTS

POURQUOI LES GENS S'EMPOISONNENT

D'après une étude européenne, les gens qui s'empoisonnent avec des champignons sauvages n'ont la plupart du temps procédé à aucune identification des spécimens à l'origine de leurs malaises. Ils se sont fiés principalement à des critères tels que :

« Ça avait l'air bon », « Ça sentait bon », « Ça ressemblait aux champignons du magasin », « Ça poussait dans mon jardin donc ça devait être bon », « J'ai vu quelqu'un qui cueillait à cet endroit ».

Par un drôle de stratagème de la nature (mais ce n'est pas une règle générale), il me semble que les plus beaux champignons, ceux qui semblent les plus appétissants, sont souvent des champignons toxiques ou mortels. À première vue, qui pourrait se douter que l'Amanite vireuse, ce beau champignon, d'un blanc si pur, à l'air si inoffensif, pouvait causer des souffrances atroces et même la mort.

On m'a déjà appelée pour identifier des champignons « très laids » qui poussaient sur une pelouse. Or, il se trouvait que ces horreurs étaient des morilles! Doutant de ma parole, le propriétaire m'a laissé tout cueillir, et il m'appelle chaque printemps quand ces « horreurs » se pointent à nouveau.

Si les empoisonnements par méconnaissance du milieu de cueillette constituent les deuxièmes cas les plus fréquents, ce sont en fait les étrangers qui cueillent dans un autre pays que le leur qui en sont victimes. Comme les règles du jeu varient selon les pays, il faut vraiment se familiariser avec les espèces de la région où l'on veut cueillir les champignons.

LES EMPOISONNEMENTS

Par exemple, voici l'histoire d'un groupe de Coréens nouvellement arrivés aux États-Unis, qui sont allés cueillir des noix et sont tombés sur ce qu'ils croyaient être une espèce de Volvaire. *(Extrait de : *Mushrooms, poisons and panaceas*, Denis R. Benjamin. W.H. Freeman and Company, 1995)

La culture de ce délicieux champignon se pratique abondamment dans leur pays, mais il est rare que les consommateurs voient le champignon pousser à l'état naturel. Ce qu'ils ont cueilli et mangé en abondance étaient des Amanites vireuses, une espèce mortelle! En se fiant seulement aux apparences et sans connaissances techniques, ils ont confondu ces deux champignons, en effet très semblables.

LES EMPOISONNEMENTS

N'oubliez pas que vous devenez un étranger si vous allez cueillir des champignons aux États-Unis ou en Europe. Les règles d'identification de ce guide s'appliquent principalement aux champignons du Québec.

Les troisièmes cas les plus fréquents sont ceux de jeunes enfants de 0 à 6 ans qui mangent par mégarde des champignons qu'ils ont trouvés dans leur environnement. Ces cas sont rarement mortels, mais ils doivent quand même être pris au sérieux, parce que les champignons sont consommés crus et que les jeunes enfants sont plus fragiles aux toxines.

Finalement, viennent les « trippeux », ceux qui sont à la recherche de paradis artificiels à la recherche de champignons hallucinogènes. Or, ces derniers sont difficiles à identifier, faisant partie du groupe des PCB.

> Règles d'or du mycologue amateur débutant :
>
> Méfiez-vous des beaux champignons blancs à lamelles.
>
> Le doute est le condom du mycologue.

Il est extrêmement rare qu'un mycologue averti finisse ses jours empoisonné par le fruit de ces recherches. Les empoisonnements sont dus à un manque de jugement et quiconque se renseigne le moindrement sur les champignons saura comment éviter les mauvaises expériences.

LES EMPOISONNEMENTS

LES FAUSSES CROYANCES

Les fausses croyances sont des trucs faciles , mais peu fiables pour savoir si un champignon est comestible ou non.

Par exemple, mettre une pièce d'argent dans la poêle avec un champignon que l'on apprête : si la pièce d'argent devient noire, le champignon est réputé toxique ; si elle ne change pas de couleur, le champignon est censé être comestible. Ces trucs sont nombreux et très dangereux parce qu'ils ne fonctionnent pas. La pièce d'argent ne noircit pas en présence de l'Amanite vireuse, qui est pourtant une espèce mortelle.

Les fausses croyances ont souvent une part de vérité qui convient à une ou plusieurs espèces en particulier. Ces croyances sont ensuite généralisées à tous les champignons. Par exemple : toutes les toxines sont éliminées par la chaleur de la cuisson. C'est vrai pour certains champignons, comme la Morille qu'il ne faut pas manger crue, mais c'est faux pour l'Amanite vireuse.

Malheureusement, il n'y a aucun truc facile pour déterminer la comestibilité d'un champignon. Apprendre les bases de la mycologie et appliquer les critères d'identification sont les seules méthodes efficaces pour reconnaître les bons champignons des dangereux.

LES EMPOISONNEMENTS

VOICI QUELQUES FAUSSES CROYANCES

Les champignons qui poussent au printemps et à la fin de l'automne sont tous comestibles.	FAUX
Les champignons qui ont une odeur de farine fraîche sont comestibles.	FAUX
Le séchage rend les champignons toxiques inoffensifs.	FAUX
Les champignons qui poussent sur les arbres sont tous comestibles.	FAUX
Les champignons qui poussent sur les arbres pourris, la paille pourrie ou le fumier sont toxiques.	FAUX
Les champignons attaqués par les escargots ou tout autre insecte sont comestibles.	FAUX
Les champignons qui changent de couleurs après avoir été coupés sont toxiques.	FAUX
Les champignons amers, âcres ou piquants sont vénéneux, tandis que ceux à saveur douce sont comestibles.	FAUX
Faire bouillir les champignons les rend comestibles.	FAUX
Les champignons qui font coaguler le blanc d'œuf ou le lait sont dangereux, alors que l'absence de ce type de réaction est une preuve de comestibilité.	FAUX
Les champignons qui changent la couleur d'un objet en argent à la cuisson sont vénéneux.	FAUX
Les champignons ingérés par les chiens, les chats, les écureuils, les ours ou autres mammifères sont inoffensifs pour l'homme.	FAUX
Peler un champignon lui enlève sa toxicité.	FAUX

LES EMPOISONNEMENTS

Amanite vireuse - MORTELLE

Agaric champêtre et Lépiote lisse – COMESTIBLES

LES EMPOISONNEMENTS

LES DIVERS TYPES D'EMPOISONNEMENT

Il existe plusieurs types d'empoisonnement, ils sont tous désagréables, mais certains sont plus dangereux que d'autres. Comme ce domaine est très complexe et relève davantage des sciences médicales que de la mycologie, je ne vous présenterai qu'une brève description des six types d'empoisonnement les plus fréquents.

TYPE D'EMPOISONNEMENT	TAUX DE MORTALITÉ
PHALLOÏDIEN	50 %
GYROMITRINE	6 %
PAXILLIEN	2 à 3 %
MUSCARINE-MUSCIMOL-ACIDE IBOTENIQUE	(0 à 1 %)
RÉSINOÏDIEN (gastro-intestinal)	Rarement fatal (0 à 1 %)
HALLUCINOGÈNE	Rarement fatal
COPRINIEN	Rarement fatal

En fait, il est bien rare que les gens meurent d'un empoisonnement aux champignons sauvages. Le plus souvent, les victimes passent un mauvais quart d'heure (de plusieurs heures), mais elles n'en meurent pas. Cependant, certains empoisonnements non fatals peuvent être assez sévères pour laisser des séquelles au foie.

LES EMPOISONNEMENTS

Amanite blanche mortelle

LES EMPOISONNEMENTS

L'EMPOISONNEMENT PHALLOÏDIEN

Ce type d'empoisonnement est de loin le plus dangereux, car il provoque souvent la mort. Si la victime n'en meurt pas, elle peut en garder de graves séquelles au foie. Ses chances de s'en sortir dépendent de plusieurs facteurs tels : l'intensité des toxines contenues dans les spécimens cueillis (les quantités de toxines peuvent varier d'un spécimen à l'autre), la quantité ingérée, le délai entre l'apparition des symptômes et la décision de se rendre à l'hôpital (il n'est pas rare que la victime mange un deuxième repas du même champignon puisque les symptômes sont très lents à apparaître), ainsi que l'état de santé initial de la personne (les jeunes enfants et les personnes âgées étant plus vulnérables).

De manière générale, un champignon d'environ 60 g contient assez de toxines pour tuer une personne de taille et de poids moyens. Prenez note que de toucher un champignon mortel ne comporte aucun danger, il faut l'ingérer pour s'empoisonner.

Les empoisonnements de ce type sont causés par diverses toxines telles les amatoxines et les phallotoxines, qu'on retrouve notamment (mais pas uniquement) dans l'Amanite vireuse et l'Amanite bisporigère, deux très beaux champignons blancs, ainsi que dans l'espèce Galérina automnalis, un petit champignon brun qui pousse sur les arbres.

LES EMPOISONNEMENTS

La Galérine automnale est rarement impliquée dans les cas d'empoisonnements parce qu'elle ne ressemble pas à d'autres espèces comestibles, elle est de petite taille et peu appétissante.

Il n'en va pas de même des deux autres Amanites mentionnées plus haut, car plusieurs espèces comestibles telles les Lépiotes, les Agarics (petits cousins du champignon de couche que l'on achète au supermarché) et les Volvaires leur ressemblent. De plus, ils sont aussi bien charnus et appétissants.

« Le 2 septembre 2004, un résident de la Rive-Sud âgé de 61 ans est mort six jours après avoir mangé des Amanites vireuses, qu'il avait confondues avec des Lépiotes élevées. En fait, il aurait fait une première cueillette qu'il a fait identifier par un ami qui connaissait les champignons. Pour le remercier, il aurait laissé ses champignons à son ami, puis il est allé en chercher d'autres, qu'il croyait semblables à sa première cueillette. Il est retourné chez lui, les a cuisinés et consommés et il en est mort.» (*Les champignons : un monde fascinant et délicieux à nos pieds, La Presse, Pierre Gingras.*)

Il est apparent que ce champignon mortel n'a pas de saveur particulièrement désagréable puisqu'il est consommé, seul ou avec d'autres, sans qu'on remarque un goût amer ou désagréable. Ce qui prouve que l'énoncé : « Les champignons amers, âcres ou piquants sont vénéneux, tandis que ceux à saveur douce sont comestibles » est FAUX!

LES EMPOISONNEMENTS

LES PRINCIPALES CARACTÉRISTIQUES DU SYNDROME PHALLOÏDIEN

Les symptômes apparaissent plusieurs heures après l'ingestion : de 8 à 48 heures (en moyenne de 10 à 11 heures).

- Crampes abdominales aigües, diarrhées liquides et sanguinolentes, vomissements aigus et brutaux.
- Les symptômes aigus disparaissent souvent après quelques heures, pour réapparaître ensuite de plus en plus sévères et se manifester plus longtemps à chaque fois.
- Cette condition peut durer plusieurs jours, 7 à 10, avant que la personne tombe dans un coma profond et meure.
- Le foie est sévèrement attaqué.
- Il n'y a pas de contrepoison.
- Les traitements cliniques sont complexes et ne garantissent pas la survie de la personne.
- Une greffe du foie est parfois nécessaire.

Si vous croyez être vous être empoisonné à ce type de toxines, rendez-vous aux urgences le plus rapidement possible. Plus tôt vous irez, plus vous augmenterez vos chances de survie.

CENTRE ANTIPOISON DU QUÉBEC :

1-800-463-5060

www.csssvc.qc.ca/services/capq.php

LES EMPOISONNEMENTS

GYROMITRE MORTEL

Le champignon qu'on appelle Gyromitre comestible (*Gyromitra esculenta*) ainsi que d'autres un peu moins connus, telles les Helvelles et certaines Pézizes, provoquent la majorité des empoisonnements de ce type.

On consomme le Gyromitre depuis très longtemps, même s'il a toujours causé des empoisonnements. Ceux-ci ne surviennent pas forcément, mais quand ils se produisent, ils sont parfois bénins et parfois mortels.

À cause de l'inconstance des symptômes, on attribuait les empoisonnements à une intolérance individuelle, à une allergie ou à une cuisson insuffisante. Il semble en effet que la toxine contenue dans ce champignon soit détruite à la chaleur ou au séchage.

LES EMPOISONNEMENTS

SYNDROME GYROMITRIEN

La vérité est qu'elle ne serait détruite que partiellement et surtout que la marge entre une dose qui ne provoque pas de symptômes et une dose dangereuse ou mortelle est très mince. De plus, la toxine reste longtemps dans le corps humain et s'y accumule. Les empoisonnements se produisent parfois après le deuxième ou troisième repas consécutif au cours d'une certaine période.

De toute façon, pourquoi prendre des chances, ou pis, en faire courir à d'autres? Manger des Gyromitres est l'équivalent de jouer à la roulette russe. Dans les ouvrages récents de mycologie, on considère ce champignon comme mortel.

LES PRINCIPALES CARACTÉRISTIQUES DU SYNDROME GYROMITRIEN

- Les symptômes apparaissent de 6 à 12 heures, parfois 24 heures après l'ingestion.
- La victime se sent souvent ballonnée et ressent des douleurs abdominales.
- Nausées persistantes, diarrhée liquide.
- Crampes musculaires.
- Troubles du foie, fièvre, vertiges, perte de la coordination et convulsions.

Dans les cas très graves, la mort survient entre deux et quatre jours après l'ingestion, sinon, la personne s'en remet en un à trois jours.

LES EMPOISONNEMENTS

Paxille enroulé, responsable du syndrome paxillien

SYNDROME PAXILLIEN

APPARITION DES SYMPTÔMES : 2 à 3 heures après une seconde ingestion.

CAUSE : principalement le Paxille enroulé. Il contient un antigène inconnu qui se retrouve dans le champignon cru ou mal cuit. Comme dans le cas du Gyromitre, la toxine s'accumule dans le système suite à plusieurs repas consécutifs et provoque un empoisonnement qui peut être mortel.

SIGNES et SYMPTÔMES : hémolyse aigüe (destruction des globules rouges), présence de sang dans les urines, insuffisance rénale, augmentation de la créatinine dans le plasma, nausées, vomissements, diarrhée, douleurs abdominales, baisse de la tension artérielle, perte de connaissance, reins douloureux à la palpation.

LES EMPOISONNEMENTS

MÉCANISME IMMUNO-ALLERGIQUE : à la première consommation, formation d'anticorps IgG spécifiques. Aux ingestions suivantes, l'antigène du Paxille fusionne avec les anticorps formés pour détruire les globules rouges. Risques d'accidents hémolytiques sévères, d'où la recommandation de ne plus consommer le Paxille enroulé.

TRAITEMENT : il faut impérativement consulter un médecin et ne pas pratiquer d'automédication ni proposer un traitement à une tierce personne sans avis médical; administration de charbon végétal activé, lavage gastrique, épuration extrarénale, exsanguino-transfusion.

L'EMPOISONNEMENT À LA MUSCARINE,
À L'ACIDE IBOTÉNIQUE OU À LA MUSCAZONE

La muscarine se retrouve principalement dans diverses espèces de Clitocybes ou d'Inocybes. Ce type d'empoisonnement est assez peu fréquent. En plus de divers symptômes tels nausées, vomissements et diarrhée, la principale caractéristique de ce type d'empoisonnement est une combinaison de sudation, de salivation et de larmoiements très abondants. Cette combinaison de symptômes ne se retrouve dans aucun autre type d'empoisonnement.

Les symptômes apparaissent très rapidement, soit de 15 à 20 minutes après l'ingestion, et ils peuvent durer de 2 à 10 heures. Les cas de mortalité sont rares. L'atropine bloque complètement les effets de la muscarine.

LES EMPOISONNEMENTS

L'EMPOISONNEMENT À LA MUSCARINE, À L'ACIDE IBOTÉNIQUE OU À LA MUSCAZONE

Amanite tue-mouches

LES EMPOISONNEMENTS

L'acide iboténique, le muscimol et la muscazone sont des toxines contenues dans l'Amanite tue-mouches, ainsi que quelques autres Amanites.

Les symptômes apparaissent environ de 20 à 90 minutes après l'ingestion. La victime vomit rarement, le muscimol étant un antivomitif efficace.

Elle peut ressentir des effets proches de l'ivresse, pouvant, dans les intoxications graves, aller jusqu'au délire et au comportement maniaque. La personne perçoit alors les objets comme s'ils étaient énormes (macroscopie). Parfois, les symptômes s'accompagnent d'hallucinations visuelles et auditives.

La personne atteinte peut aussi éprouver des excès de rage très violente. Comme il n'y a pas d'antidote pour ce type d'empoisonnement, le mieux est de laisser passer les symptômes qui durent de 2 à 10 heures. Les cas de mortalité sont rares.

L'EMPOISONNEMENT AUX CHAMPIGNONS HALLUCINOGÈNES

Ce type d'empoisonnement est plus fréquent, parce que certaines personnes recherchent précisément les effets hallucinogènes. Comme ces champignons font partie du groupe des PCB, ils sont difficiles à identifier. Il n'est pas rare qu'ils soient à l'origine d'autres types d'empoisonnement lorsque le champignon hallucinogène recherché est mal identifié. De plus, les quelques espèces de champignons hallucinogènes qu'on aurait au Québec sont rares, encore faut-il avoir la documentation appropriée pour les identifier et l'expérience en identification.

LES EMPOISONNEMENTS

L'EMPOISONNEMENT AUX CHAMPIGNONS HALLUCINOGÈNES

Strophaire hémisphérique (Stropharia semiglobata), octobre 2013
Hallucinogène

LES SYMPTÔMES D'EMPOISONNEMENT À LA PSILOCYBINE

Les espèces les plus connues qui contiennent de la psilocybine et de la psilocine sont les Psilocybes (tous les Psilocybes ne sont pas hallucinogènes). D'autres espèces qui sont réputées contenir des substances hallucinogènes sont les Panéoles, les Conocybes, les Gymnopiles, les Plutées et les Strophaires ; ce sont pour la majorité des petites espèces difficiles à identifier dont je ne parlerai pas dans ce livre.

LES EMPOISONNEMENTS

Les symptômes apparaissent de 20 à 30 minutes après l'ingestion. C'est une intoxication bénigne, souvent volontaire. Les effets sont caractérisés par des étourdissements et des vertiges, et il arrive que la personne intoxiquée ressente des frissons, de l'anxiété et des nausées.

Puis, la vision devient floue et les couleurs plus vives, l'acuité auditive est accrue. Par contre, sa concentration et son attention sont diminuées. La personne ressent souvent un sentiment d'irréalité et de dépersonnalisation, et elle manque de coordination.

Les effets hallucinatoires augmentent, la personne peut se sentir très inquiète ou mal, ou au contraire être très détendue et avoir le fou rire. Son état redevient normal de 4 à 12 heures après l'ingestion. Certains effets secondaires désagréables peuvent persister longtemps. Ces symptômes peuvent être dangereux chez les jeunes enfants.

L'EMPOISONNEMENT COPRINIEN

L'intoxication coprinienne est provoquée par l'ingestion du Coprin noir d'encre (*Coprinus atramentarius*) ou par le Clitocybe à pied renflé (*Clitocybe clavipes*), deux espèces comestibles, sauf si elles sont ingérées avec de l'alcool. Il se produit alors une réaction assez surprenante.

La personne ressent des palpitations et des bouffées de chaleur accompagnées de plaques rouges sur le visage et sur la partie supérieure du corps. Elle peut aussi être étourdie et avoir des nausées. Ces symptômes sont plus ou moins prononcés selon la quantité d'alcool dans le sang au moment de l'ingestion des champignons.

LES EMPOISONNEMENTS

L'EMPOISONNEMENT COPRINIEN

Coprin noir d'encre, responsable des empoisonnements copriniens

Notez que les champignons et l'alcool n'ont pas besoin d'être ingérés en même temps pour que la réaction se produise.

Les symptômes peuvent apparaître jusqu'à trois jours après avoir mangé les champignons, et réapparaître à chaque consommation d'alcool, pendant ces trois jours! Cette intoxication, quoique spectaculaire, est généralement sans conséquences graves et les symptômes disparaissent d'eux-mêmes en quelques heures.

Alors que j'abordais ce sujet au cours d'une de mes conférences, une auditrice s'est écriée : « Ah, c'est ça qui m'est arrivé! ». Cette personne avait été atteinte de symptômes soudains et désagréables, s'était rendue à l'hôpital, mais avait omis de dire qu'elle avait mangé des champignons. Et comme les symptômes ont disparu aussi rapidement qu'ils étaient venus, on a cru à une réaction allergique passagère. Elle n'a jamais su que c'était un empoisonnement de type coprinien jusqu'à ce jour!

LES EMPOISONNEMENTS

LES IRRITANTS GASTRO-INTESTINAUX OU LE SYNDROME RÉSINOÏDIEN

Les Morilles sont des irritants gastro-intestinaux.

Ces d'empoisonnements sont les plus fréquents dans le monde des intoxications aux champignons. Plusieurs champignons peuvent provoquer ces symptômes à divers degrés et, dans les cas très sévères, ces derniers peuvent laisser des séquelles au foie.

Une partie des champignons qui causent ce type d'empoisonnement sont considérés comme comestibles. La Morille, par exemple, entre dans cette catégorie parce qu'elle peut causer des maux de ventre et de la diarrhée chez certaines personnes. Quand les symptômes sont sévères et durent longtemps, les champignons en cause sont considérés comme toxiques (par exemple, l'Entolome livide ou le Clitocybe lumineux).

Les symptômes apparaissent de 30 minutes à trois heures après l'ingestion des champignons. Les toxines impliquées sont nombreuses et variées et, dans la majorité des cas, les symptômes disparaissent d'eux-mêmes après quelques heures ou après quelques jours.

LES EMPOISONNEMENTS

LES IRRITANTS GASTRO-INTESTINAUX OU LE SYNDROME RÉSINOÏDIEN

Les Armillaires couleur de miel sont aussi des irritants gastro-intestinaux. Il faut les consommer avec modération la première fois qu'on en mange, pour déterminer si on y est sensible ou non.

Ces symptômes sont des nausées, des vomissements et de la diarrhée accompagnée de crampes. Les symptômes peuvent apparaître seuls ou plusieurs ensemble. Il est important que le malade ne se déshydrate pas et qu'il consulte un médecin, si les symptômes persistent au-delà d'une bonne indigestion.

Prenez note que plusieurs Bolets qui sont considérés comme comestibles provoquent des intoxications de type résinoïdien s'ils sont consommés CRUS.

Sources du chapitre sur les empoisonnements :

Champignons vénéneux et nocifs du Canada ; Joseph F. Ammirati, James A. Traquair. Paul A. Horgen. Éditions M. Broquet, conjointement avec Agriculture Canada et le Centre d'édition du gouvernement du Canada, Approvisionnements et services Canada, 1986.

3. CRITÈRES ET FICHES D'IDENTIFICATION

CRITÈRES ET FICHES D'IDENTIFICATION

LA CUEILLETTE

Le matériel pour faire la cueillette des champignons est assez simple et peu coûteux. Vous aurez besoin :

- d'un bon panier à fond plat,
- de sacs de papier pour séparer les espèces à identifier,
- d'un couteau pour couper ou creuser,
- d'un crayon pour noter directement sur le sac de papier les indices sur le terrain.

Si vous êtes comme moi, vous préférerez emporter le minimum en forêt; les livres sont lourds et encombrants, ils seront plus utiles de retour à la maison lors de la séance d'identification.

Pensez à monter une trousse de survie au cas où vous vous perdriez en forêt. Personnellement, j'ai toujours, dans le fond de mon panier, des allumettes, un peu de papier journal et une barre tendre, le tout emballé dans un sac hermétique bien fermé.

Un « Bear Banger » peut être utile aussi. De la taille d'un crayon, cet outil, lorsqu'il est déclenché produit un premier « Bang », suivi d'un deuxième accompagné d'un éclat lumineux. Il peut servir à éloigner un ours trop entreprenant, un orignal curieux ou être utilisé comme signal lumineux en cas de détresse.

CRITÈRES ET FICHES D'IDENTIFICATION

CRITÈRES D'IDENTIFICATION

Ce qui détermine l'identité d'une espèce est un ensemble de caractéristiques.
L'inventaire suivant n'est pas exhaustif, mais il donne les principales caractéristiques à noter lors de la cueillette.

> IMPORTANT
>
> Lorsque vous cueillez pour l'identification, cueillez votre champignon en entier, afin d'avoir toutes les parties utiles pour identifier le spécimen. La volve et la base du pied du champignon sont essentielles pour une bonne identification.
>
> Par contre, lorsque vous cueillez des espèces connues destinées à la consommation, coupez le champignon à la base, nettoyez-le sur place, enlevez la terre qui pourrait se retrouver dans les lamelles ou les tubes et qu'il est impossible de nettoyer une fois salis.
>
> Éviter de placer les champignons cueillis dans des sacs en plastique ou dans des grosses chaudières, car les champignons sont fragiles et vous reviendriez à la maison avec une bouillie infecte, non identifiable et immangeable.

CRITÈRES ET FICHES D'IDENTIFICATION

SUR LES LIEUX :

OÙ POUSSENT-ILS?

- Sur des débris de feuilles mortes, du fumier, de la paille?
- Sur du bois mort et/ou vivant?
- Sur des feuillus ou des conifères?
- Sur des pelouses, dans les champs, à l'orée des bois, dans les bois?
- Dans des forêts à essences spécifiques, comme les pinèdes, chênaies, érablières, mélézins?
- Dans la mousse, les tourbières, les milieux secs ou humides?

COMMENT POUSSENT-ILS?

- En troupes denses sur le sol?
- Éparses, ici et là sur le sol?
- En touffes, les pieds soudés? (On dit cespiteux, fasciculés ou connés.)

UNE FOIS À LA MAISON

Préparez un spécimen mature pour faire la **sporée**. (p. 64-65)
En attendant les résultats, observez vos champignons et notez :

- leur grosseur et hauteur moyennes;
- les couleurs des différentes parties;
- les changements de couleur de la chair;
- si ces changements apparaissent vite ou lentement
- la texture de la chair du chapeau : cassante, molle, épaisse, mince, élastique, fibreuse...
- la texture de la chair du pied : cassante, molle, épaisse, mince, élastique, fibreuse...
- présence d'appendices sur le pied : anneau, voile, cortine...

CRITÈRES ET FICHES D'IDENTIFICATION

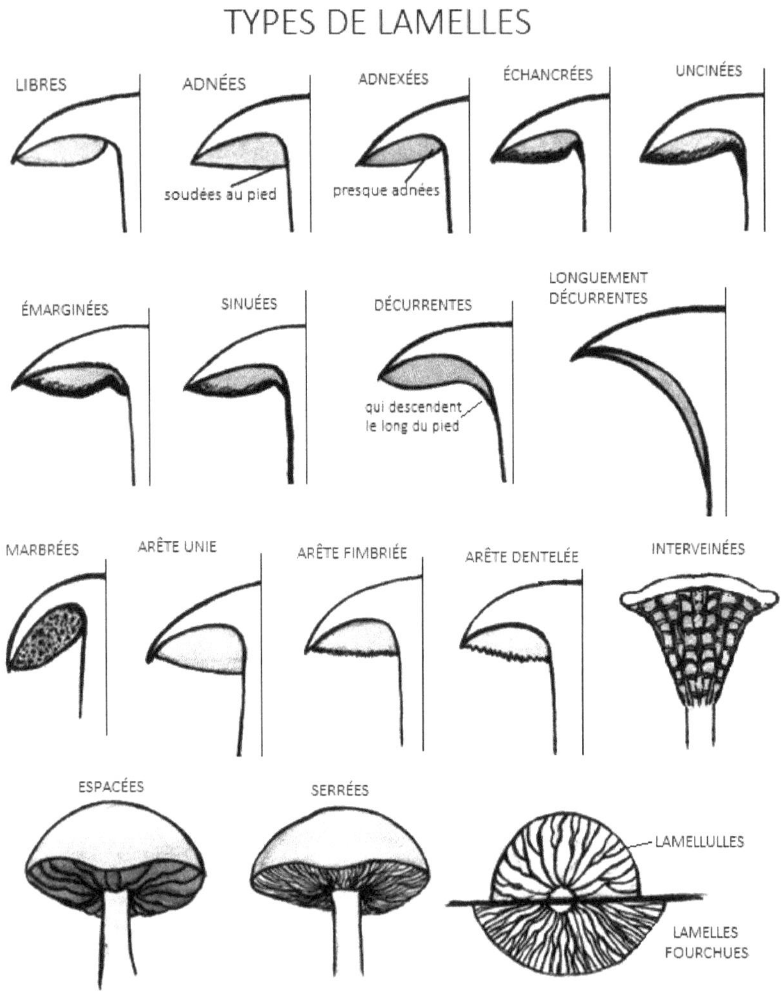

CRITÈRES ET FICHES D'IDENTIFICATION

LES LAMELLES-TUBES-PLIS-AIGUILLONS

NOTEZ :

- la couleur de la surface fertile sur les spécimens à différents stades de croissance.
- Le mode d'attachement des lamelles au pied du champignon. Ce détail est difficile à voir au début, mais cette information vous aidera à déterminer à quelle famille appartient votre champignon.

LES LAMELLES PEUVENT ÊTRE :

- LIBRES : ne touchant pas au pied. Comme chez les Amanites.

- ADNÉES : soudées au pied. Comme chez les Russules et les Lactaires.

- ÉMARGINÉES, ÉCHANCRÉES, SINUÉES : avec une petite coche qui remonte et redescend plus ou moins sur le pied. Comme chez les Cortinaires et les Tricholomes.

- DÉCURRENTES : qui descendent plus ou moins le long du pied.

TEXTURE DES LAMELLES :

- Les lamelles peuvent être friables, cassantes, élastiques, détachables du chapeau ou non.

- Les lamelles peuvent aussi être épaisses, minces, serrées, espacées, subespacées, anastomosées (se dit de lamelles fusionnées et ramifiées).

CRITÈRES ET FICHES D'IDENTIFICATION

LES LAMELLES-TUBES-PLIS-AIGUILLONS

NOTEZ :

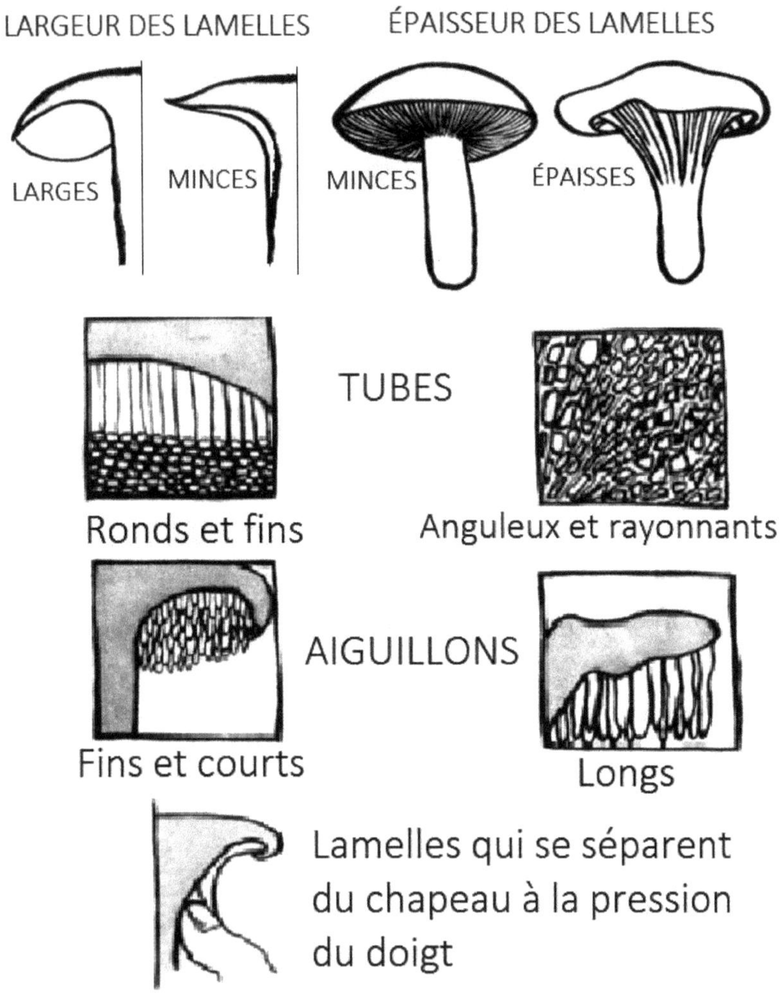

CRITÈRES ET FICHES D'IDENTIFICATION

LE CHAPEAU

Le chapeau peut présenter plusieurs caractéristiques qu'il est important de noter.

- **Forme générale** : convexe, creuse, mamelonnée, pointue, conique, campanulée (en forme de cloche)...
- **Décoration ou non à la surface** : écailles, verrues, rides ou sillons, glabre, farineux, velouté
- **Marge** : égale, striée, enroulée, retroussée...
- **Cuticule** : (peau qui recouvre le chapeau) peut se retirer facilement ou difficilement de la chair du chapeau.
- **Couleur** : sur les jeunes spécimens, sur les plus vieux spécimens, couleur de la marge, couleur au centre...

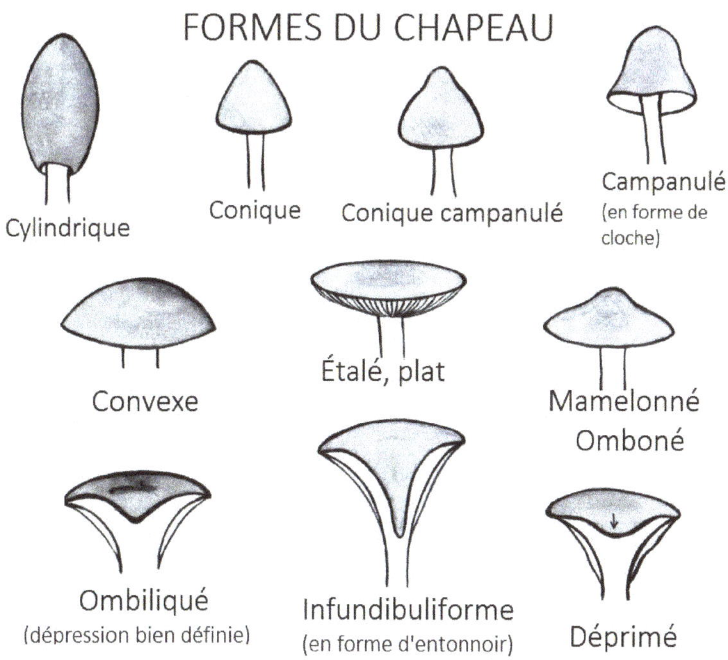

CRITÈRES ET FICHES D'IDENTIFICATION

LE CHAPEAU

CRITÈRES ET FICHES D'IDENTIFICATION

LE CHAPEAU

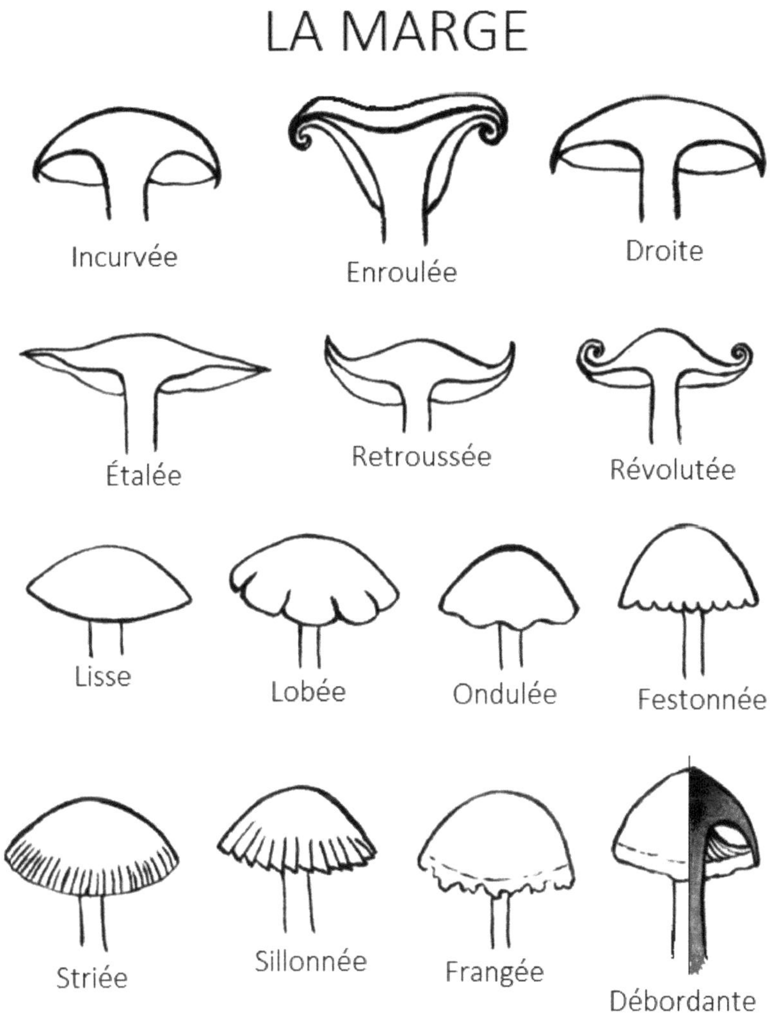

CRITÈRES ET FICHES D'IDENTIFICATION

LE PIED

Le pied possède plusieurs caractéristiques et décorations importantes qu'il est important de noter :

- Présence ou absence de la volve : sac membraneux qui se trouve à la base de certains champignons.
- Texture de la volve : élastique ou cotonneuse.
- Présence ou absence d'un anneau, d'un voile ou d'une cortine sur le pied.
- Forme générale du pied : bulbeux, ventru, égal, renflé...
- Intérieur du pied (que vous aurez coupé en deux) : plein, creux, farci (semi-plein); notez la couleur.
- Texture du pied : cassant, fibreux, cartilagineux, coriace...
- Position du pied par rapport au chapeau : au centre du chapeau, sur le côté...

FORMES DU PIED ET DU BULBE

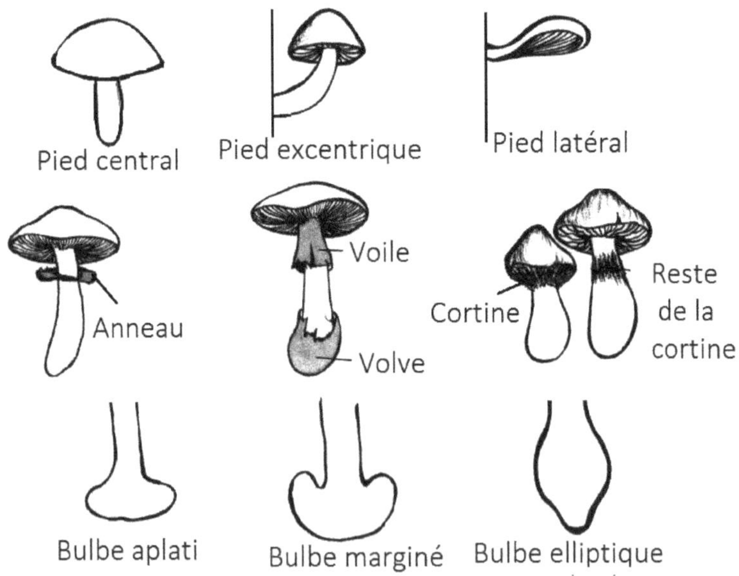

CRITÈRES ET FICHES D'IDENTIFICATION

FORMES ET TEXTURES DU PIED

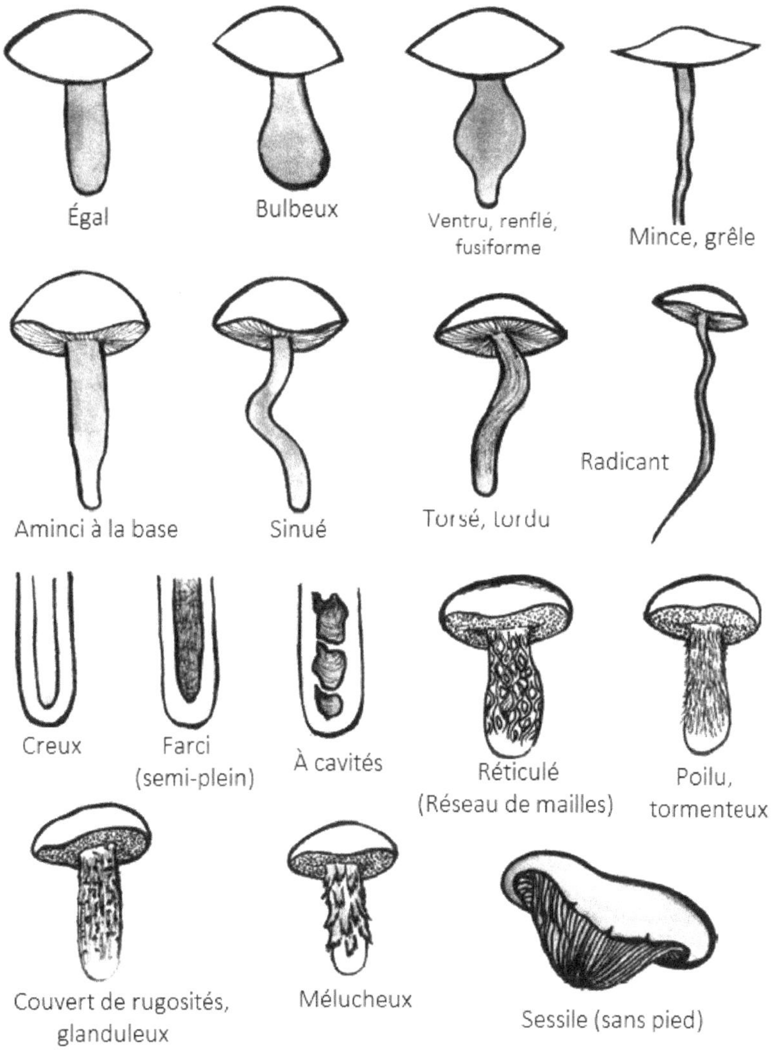

CRITÈRES ET FICHES D'IDENTIFICATION

LA CHAIR

Texture, épaisseur, changement de couleur...

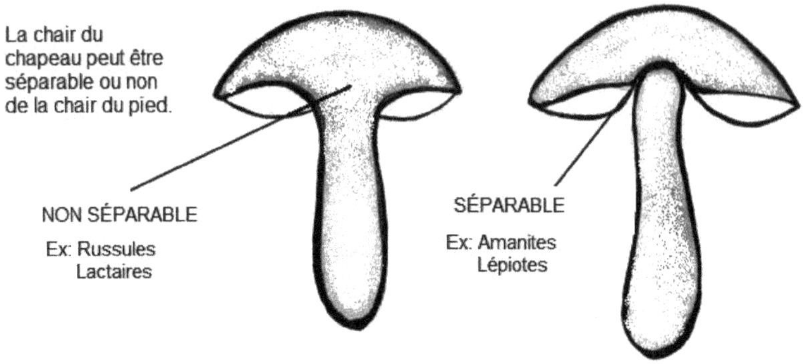

L'ODEUR

Si vous sortez en forêt avec un mycologue, vous remarquerez qu'aussitôt qu'il a cueilli un champignon, il a le réflexe de briser un morceau de chair et de le porter à son nez. L'odeur ou l'absence d'odeur d'un champignon est un critère déterminant pour son identification.

Voici quelques-uns des parfums les plus communs : noisette, amande, farine fraîche, froment, homard et crustacées, noix de coco, anis, concombre, oignon, échalote, ail, pomme de terre crue, vieille pomme, corne brûlée, huile à lampe, champignon, viande pourrie.

Comme vous pouvez le constater, les parfums sont nombreux et étonnants. Il y a aussi des champignons qui ne sentent rien. Chaque odeur peut être intense ou faible, et s'accentuer avec l'âge.

CRITÈRES ET FICHES D'IDENTIFICATION

LE GOÛT

Le goût est un critère d'identification. Goûter un champignon pour l'identification se fait lorsque les spécimens sont crus. On prend une petite bouchée, on mâche un peu et on recrache.

Il est important de recracher pour deux raisons : à ce stade, votre champignon n'est pas identifié avec certitude et on recommande de ne pas manger les champignons sauvages crus. Ce test, effectué selon les règles, ne comporte aucun risque même si le champignon est toxique.

LES OUTILS DE RÉFÉRENCE

Il est très important d'utiliser des guides d'identifications qui présentent les champignons du Québec. Les espèces d'autres pays, les saisons, les essences d'arbres, les types de sols sont différents.

N'hésitez pas à consulter un dictionnaire ou un glossaire inclus la plupart du temps à la fin de chaque guide afin de bien comprendre les termes de la description.

Les illustrations des termes inclus dans ce chapitre vous aideront énormément à comprendre le vocabulaire servant à décrire les champignons. Au début, ce sera un peu laborieux, mais vous apprendrez rapidement à comprendre les termes qui décrivent les champignons.

> ATTENTION : n'essayez jamais d'identifier un champignon seulement à partir d'une photo. Il faut lire la description technique et tous les critères doivent concorder.

CRITÈRES ET FICHES D'IDENTIFICATION

SUGGESTION DE LIVRES SUR LES CHAMPIGNONS

Chanterelles en tubes, Bolets élégants, Bolets à pied creux, Tricholomes équestres, Hygrophores remarquables

Champignons comestibles de la forêt boréale. Roger Larivière, mai 2013. (Très utile, bien écrit).

La fonge du Québec (à télécharger sur le web)
Site de MycoQuébec : www.mycoquebec.org

Le grand livre des champignons Raymond Mc Neil, Éditions Michel Quintin, 2006. (Note : Excellent guide d'identification. Très complet. Si vous persistez dans l'apprentissage des champignons, il est indispensable. Coût env. 75 $)

Champignons communs du Québec et de l'Est du Canada Raymond Mc Neil, Éditions Michel Quintin, 2007. (Du même auteur que le précédent, c'est un extrait du grand livre. Excellent et coûte moins cher).

CRITÈRES ET FICHES D'IDENTIFICATION

Champignons du Québec et de l'Est du Canada Denis Lebrun et Anne-Marie Guérineau, Nuit Blanches Éditeur, 1981. (Note : Bon comme guide secondaire mais pas comme livre principal.)

Champignons Sauvages à découvrir dans le Nord-est de l'Amérique Thierry Bissonnette, Les Éditions du Pré-Vert, 2000. (Note : Bon comme guide secondaire mais pas comme livre principal.)

Champignons vénéneux et nocifs du Canada J.F. Ammirati, J.A.Traquair, P.A. Horgen, Éditions Marcel Broquet conjointement avec Agriculture Canada et les publications du gouvernement du Canada, 1986. (Note : Bon livre à avoir, un peu scientifique, mais excellent pour comprendre les types d'empoisonnement.)

Connaître, cueillir et cuisiner les champignons sauvages du Québec Matthieu Sicard, Yves Lamoureux, Fides,1999.

L'univers des champignons Sous la direction de Jean Després, Éditions de l'Université de Montréal, 2012. Tout sur les champignons : comment et pourquoi ils poussent, histoire, biologie, écologie, cueillette commerciale, etc. (Ce n'est pas un guide d'identification, mais ça parle de tout le reste.)

Guide pratique des principaux champignons du Québec René Pomerleau, Éditions La Presse, 1982. (Note : C'est le livre avec lequel j'ai appris. Les photos ne sont pas excellentes, -la technologie a changé- mais c'est un bon livre. Ce guide n'est pas réédité; avec un peu de chance et de persévérance, vous le trouverez dans une librairie de livres usagés.)

CRITÈRES ET FICHES D'IDENTIFICATION

LA SPORÉE

EXEMPLES DE COULEURS DE SPORÉE

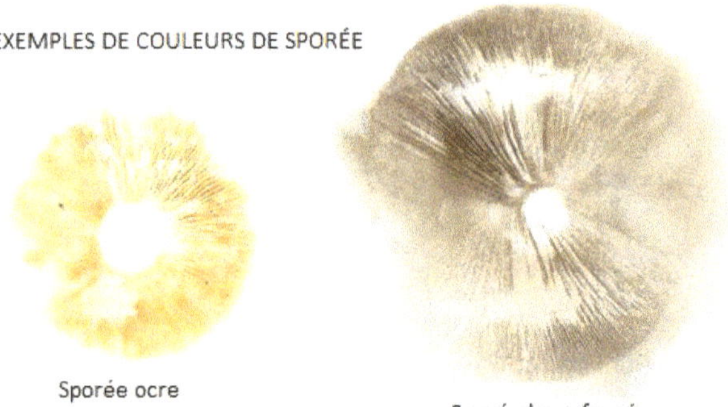

Sporée ocre

Sporée brun foncé

La majorité des espèces sur le terrain sont des champignons à lamelles. Il est important de noter que c'est parmi ce groupe que l'on retrouve les champignons mortels ainsi que plusieurs des champignons qui provoquent des intoxications sévères.

Un des moyens les plus importants pour identifier les champignons à lamelles est de faire une sporée. La sporée est l'accumulation des spores (qui sont microscopiques) sur une feuille de papier blanc. La couleur du dépôt obtenu est indispensable pour l'identification des espèces à lamelles et utile pour les autres groupes. Car il faut savoir que tous les champignons font une sporée.

On obtient une sporée à partir d'un champignon mature. On détache le pied du champignon de son chapeau, et on place le champignon, lamelles vers le bas, sur un morceau de papier, de préférence blanc. La couleur du dépôt vous aidera à déterminer à quel groupe appartient votre champignon.

La sporée ne vous dira pas si un champignon est bon ou pas. Cependant, ajoutée aux autres critères d'identification, elle vous aiguillera dans la bonne direction.

CRITÈRES ET FICHES D'IDENTIFICATION

LA SPORÉE

La sporée permet souvent de faire la différence entre deux champignons qui se ressemblent. Par exemple, l'Agaric champêtre, comestible, a une sporée noire, tandis que l'Amanite vireuse, une espèce mortelle, a une sporée blanche.

Habituellement, au bout d'une heure, on voit apparaître une accumulation teintée. Un dépôt plus prononcé vous donnera une meilleure lecture de sa couleur. On suggère du papier blanc pour ne pas fausser la lecture des couleurs très pâles, tel rose pâle, jaune pâle ou crème. On peut utiliser un papier bleu pâle parce qu'il n'y a pas de sporée bleue.

COMMENT FAIRE UNE SPORÉE

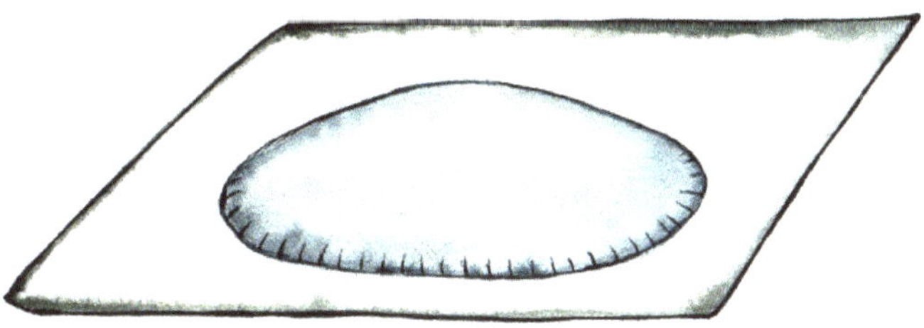

1. Placez le chapeau à plat sur une feuille de papier blanc.

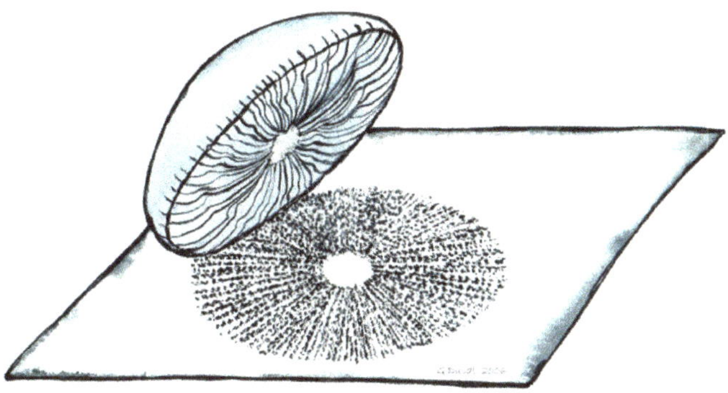

2. Attendez une heure ou deux. Notez la couleur du dépôt.

VOIR ANNEXE p. 332

CLÉ D'IDENTIFICATION DES CHAMPIGNONS
À PARTIR DES SPORÉES

AMANITES, LÉPIOTES, ARMILLAIRES, PLEUROTES, HYGROPHORES, LACTAIRES, RUSSULES, TRICHOLOMES, CLITOCYBES, MARASMES.

VOLVAIRES, PHOLIOTES, PLUTÉES, PAXILLES, CORTINAIRES, LACTAIRES, RUSSULES, CLITOPILES, ENTOLOMES.

PSALLIOTES, STROPHAIRES, HYPOLOMES, GOMPHIDES, COPRINS.

CRITÈRES ET FICHES D'IDENTIFICATION

COULEURS DE SPORÉES

Voici une liste de diverses familles (celles qui nous intéressent le plus) et leur couleur de sporée. Quand vous avez la couleur de la sporée, attaquez-vous à la description en commençant par l'habitat et la saison, pour ensuite poursuivre avec les autres critères.

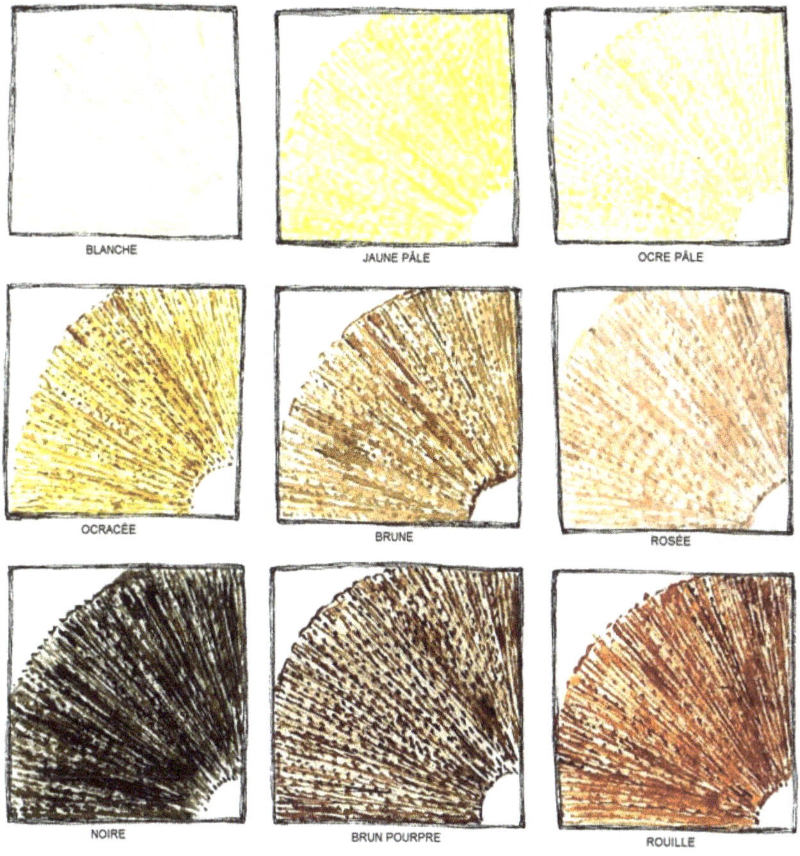

CRITÈRES ET FICHES D'IDENTIFICATION

IDENTIFICATION ÉTAPE PAR ÉTAPE

1. Cueillez quelques spécimens, si possible à différents stades de croissance.

2. Notez les indices sur le terrain.

3. Faites une sporée.

4. Notez les principales caractéristiques des spécimens à identifier, tout ce qui est frappant :
   - couleur,
   - changement de couleur,
   - odeur,
   - texture de la chair,
   - décorations, etc.

5. Vérifiez dans vos guides d'identification les champignons qui ressemblent, puis vérifiez si la couleur de la sporée concorde. Comparez ensuite la saison, l'habitat et le milieu de croissance. Si ça concorde, continuez avec les autres critères d'identification.

6. Ne vous découragez pas si vous ne réussissez pas à identifier vos champignons du premier coup. À chaque fois que vous faites une observation, vous apprenez quelque chose. Éventuellement la tâche deviendra plus facile.

Tricholoma
virgutum
S. Duval
2009

CRITÈRES ET FICHES D'IDENTIFICATION

LES CINQ GROUPES - DESCRIPTION GÉNÉRALE

On peut classer tous les champignons dans cinq grands groupes.

LES CINQ GRANDS GROUPES

1. LAMELLES 2. TUBES 3. PLIS 4. AIGUILLONS
5. TOUTES LES AUTRES FORMES

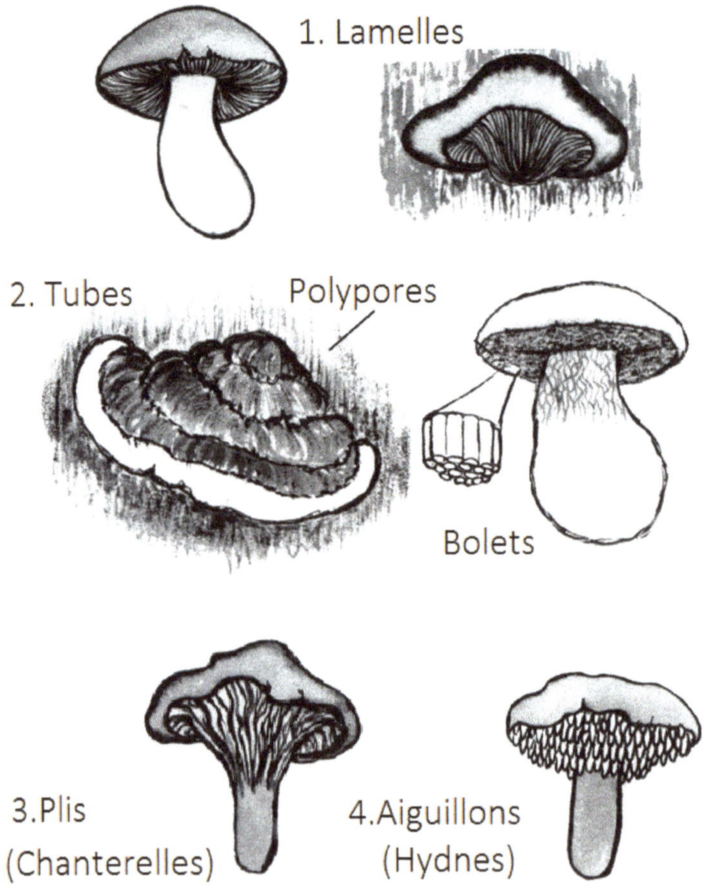

CRITÈRES ET FICHES D'IDENTIFICATION

LES CINQ GROUPES - DESCRIPTION GÉNÉRALE

Ces groupes sont déterminés en fonction du mode de reproduction des champignons, c'est à dire la façon dont ils produisent leurs spores, soit : des lamelles, des tubes, des plis, des aiguillons et toutes les autres formes.

Il y a des particularités et des règles pour chacun des groupes qui permettent de simplifier l'identification.

5. TOUTES LES AUTRES FORMES

CRITÈRES ET FICHES D'IDENTIFICATION

LES CHAMPIGNONS À LAMELLES

Lamelles produisant un lait, donc un Lactaire

Le premier groupe comprend les champignons qui font leurs spores sur des lamelles, structures qui rayonnent sous le chapeau du champignon. Les champignons à lamelles sont les plus nombreux sur le terrain et ce sont aussi ceux qu'on a souvent le plus de difficulté à identifier. C'est dans ce groupe qu'on retrouve un grand nombre d'espèces mortelles et toxiques très dangereuses.

On compte plusieurs familles de champignons à lamelles :

Russule, Lactaire, Lépiote, Cortinaire, Paxille, Entolome, Amanite, Pleurote, Coprin, Tricholome et bien d'autres. Chacune de ces familles regroupe plusieurs espèces avec des caractéristiques communes, par exemple, les Amanites sont des espèces terricoles qui ont une sporée blanche, des lamelles libres, un voile et une volve; les Lactaires ont une chair cassante qui produit un lait et une sporée pâle.

CRITÈRES ET FICHES D'IDENTIFICATION

LES CHAMPIGNONS À LAMELLES

Lamelles fourchues, épaisses et arquées du Gomphide glutineux, un champignon d'automne à sporée noire
REMARQUE : La couleur des lamelles ne détermine pas toujours la couleur de la sporée.

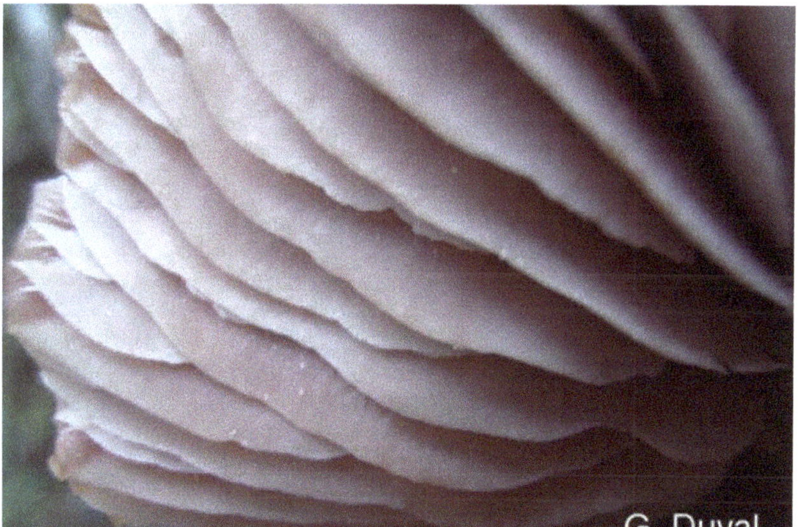

Lamelles larges et espacées

CRITÈRES ET FICHES D'IDENTIFICATION

LES CHAMPIGNONS À TUBES

Polypore pinicole. Trop coriace pour la consommation gastronomique, ce Polypore possède néanmoins des propriétés médicinales.

Le deuxième groupe englobe tous les champignons à tubes, structures tubulaires qui recouvrent la surface inférieure du chapeau du champignon. À première vue, on dirait une éponge. C'est à l'intérieur de chacun des tubes que les spores sont fabriquées.

Parmi les champignons à tubes, on retrouve les Bolets et les Polypores. (Le terme « Bolets » inclut ici tous les champignons à tubes : Suillus, Leccinum, Tylopilus et autres; en fait, tous ce qui a des tubes). Les Bolets sont charnus, c'est-à-dire une chair à texture ferme ou molle, tandis que les Polypores sont coriaces et poussent en majorité sur les arbres.

En règle générale, il n'y a pas de champignons mortels ou considérés comme toxiques dangereux parmi les champignons à tubes. Cela ne veut pas dire que tous les champignons à tubes sont comestibles. Certains sont très indigestes et d'autres sont immangeables.

CRITÈRES ET FICHES D'IDENTIFICATION

LES CHAMPIGNONS À TUBES

Les tubes du Bolet bai virent bleus au toucher.

Tubes du Bolet comestible vus de côté (Cèpe).
Le spécimen du haut est plus âgé, la chair et les tubes sont mangés par les vers.

La Chanterelle floconneuse, la moins savoureuse de nos Chanterelles. Ici, on voit bien la surface ridée qui forme les plis.

CRITÈRES ET FICHES D'IDENTIFICATION

LES CHAMPIGNONS À PLIS

Les Chanterelles produisent leurs spores sur une surface ridée qu'on appelle plis. Ceux-ci sont plus ou moins prononcés selon l'espèce. Toutes les Chanterelles ont une forme en entonnoir, ont des plis et sont comestibles.

Il existe peu de variétés de Chanterelles. Assurez-vous de les connaître pour ne pas les confondre avec certains champignons à lamelles qui sont toxiques, notamment le Clitocybe lumineux.

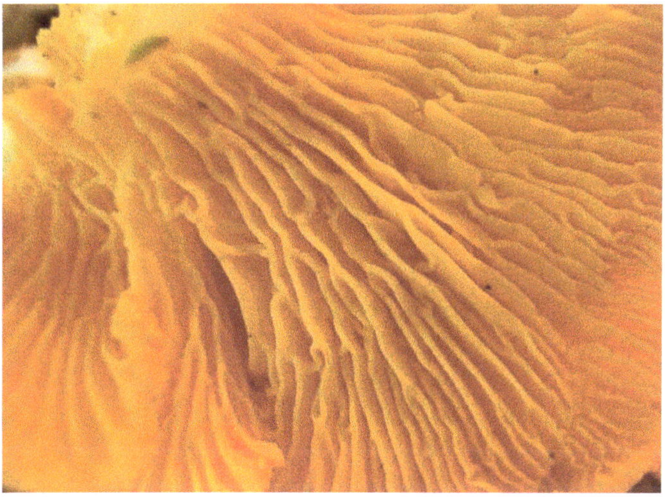

La Chanterelle commune a des plis lamelliformes, ce qui veut dire des plis qui ressemblent à des lamelles.

CRITÈRES ET FICHES D'IDENTIFICATION

AIGUILLONS

Les Hydnes produisent leurs spores sur des aiguillons. Il existe peu de variétés d'hydnes au Québec. Elles sont soit comestibles et délicieuses, soit immangeables parce que trop coriaces. Aucun champignon à aiguillons n'est dangereux ou toxique.

Dessous de l'Hydne sinué (Pied de mouton)

AUTRES FORMES

Ce groupe comprend toutes les autres formes de champignons qui ne possèdent pas les appendices pour faire des spores compris dans les groupes ci-haut. Leurs spores sont produites autrement, soit sur toute la surface du champignon, soit à l'intérieur ou par toute autre technique.

Dans ce groupe, la comestibilité est déterminée au cas par cas. Contrairement aux champignons à lamelles pour lesquels l'identification est plus complexe, les champignons de ce groupe sont plus faciles à identifier et à différencier les uns des autres.

CRITÈRES ET FICHES D'IDENTIFICATION

AUTRES FORMES

Voici quelques exemples :

Les Phalles

Les Clavaires

Les Pézizes (en forme de coupe)

AIDE-MÉMOIRE DES CRITÈRES D'IDENTIFICATION

DIMENSIONS	PARFUM PARTICULIER
MILIEU	ATTACHEMENT DES LAMELLES
FORME GÉNÉRALE	SAVEUR DU LATEX (ÂCRE OU DOUX)
SUBSTRAT (GAZON, FUMIER, BOIS DUR, BOIS MOU, ...)	CHAIR DU PIED DIFFÉRENTE OU NON DE CELLE DU CHAPEAU
ÉPAISSEUR DE LA CHAIR	PIED PLEIN OU CREUX OU FARCI...
COULEUR	PIED CENTRAL OU LATÉRAL
CHANGEMENT DE COULEUR	PIED EXISTANT OU ABSENT
CUTICULE DÉTACHABLE OU NON	ARÊTE DES LAMELLES :
TEXTURE DE LA CHAIR	DROITE, CRÉNELÉE, ...
TEXTURE DE LA CHAIR DU PIED	TUBES FINS, GROS, ÉPAIS
JEUNE SPÉCIMEN	MARGE STRIÉE OU NON
VIEUX SPÉCIMEN	SAISON
PRESENCE D'UN LATEX	...
PRÉSENCE DE LAMELLULES	
PRÉSENCE DE VOILE	
PRÉSENCE DE VOLVE	
TEXTURE DE LA VOLVE	

AIDE-MÉMOIRE DES CRITÈRES D'IDENTIFICATION

SPORÉE PÂLE	Lactaires, Russules, Amanites, Lépiotes, Armillaires, Pleurotes,Tricholomes, Clitocybes...
SPORÉE OCRE, BRUNE OU ROSÉE	Pholiotes, Plutées, Paxilles, Cortinaires, Entolomes
SPORÉE NOIRE OU BRUN POURPRE	Strophaires, Psalliotes, Coprins, Panéoles, Hypolomes, Agarics, Gomphides...
PRÉSENCE D'UN VOILE-VOLVE	Amanites
PRÉSENCE D'UN VOILE OU ANNEAU	Agarics, Lépiotes, Armillaires...
PRÉSENCE D'UN LAIT	Lactaires
LAMELLES DÉLIQUESCENTES	Coprins
VOILE FILAMENTEUX	Cortinaires
COULEURS VIVES, TEXTURE CIREUSE	Hygrophores
TEXTURE CARTILAGINEUSE (surtout le pied)	Collybies
À LAMELLES, SANS PIED OU PRESQUE, SUR LE BOIS DE FEUILLUS	Pleurotes

FICHE D'IDENTIFICATION

date : ____________________

HABITAT
MODE DE CROISSANCE
OBSERVATION DU CHAPEAU
OBSERVATION DES LAMELLES - TUBES - PLIS - AIGUILLONS OU AUTRE
OBSERVATION DU PIED

FICHE D'IDENTIFICATION

date : ____________________

VOILE
VOLVE
COULEUR DE LA SPORÉE
ODEUR - GOÛT
REMARQUES

4. LES CHAMPIGNONS À LAMELLES TOXIQUES ET MORTELS

GÉNÉRALITÉS

Qu'ils soient difficiles ou non à identifier, il est indispensable de savoir reconnaître les champignons toxiques et mortels. Avant de consommer des champignons à lamelles, vous ne devez avoir aucun doute sur leur comestibilité.

Règle générale : le mycologue amateur devrait se méfier de tout champignon blanc à lamelles, jusqu'à ce qu'il soit absolument certain de bien reconnaître les espèces dangereuses qui risquent d'être confondues avec des espèces comestibles, notamment les Agarics, les Psalliotes et les Lépiotes.

LES CHAMPIGNONS À LAMELLES TOXIQUES ET MORTELS

LE CÉLÈBRE TRIO DES AMANITES

Le « célèbre trio des Amanites » qui fait tant de ravages en Europe n'existe pas au Québec, puisque l'on ne retrouve pas ici l'Amanite phalloïde ou du moins qu'elle est très rare. Par contre, nous avons bel et bien deux Amanites blanches qu'on retrouve régulièrement dans nos forêts au Québec, soit l'Amanite vireuse et l'Amanite bisporigère.

Elles sont toutes les deux très dangereuses et peuvent causer la mort si elles sont consommées. Méfiez-vous des Amanites et méfiez-vous des beaux champignons blancs à lamelles. Notez que certaines espèces d'amanites sont d'excellents comestibles.

Les Amanites sont des champignons terrestres qui vivent en symbiose avec les arbres. On peut les trouver dans les forêts de feuillus ou de conifères. Cependant, il y a deux fois plus d'espèces d'Amanites qui s'associent aux feuillus.

Les principales caractéristiques morphologiques des amanites sont les lamelles libres (non soudées au pied), le pied séparable du chapeau, un voile, une volve et une sporée blanche. Elles amorcent leur cycle dans un « œuf », c'est-à-dire qu'elles sont enveloppées dans une membrane.

À mesure que le champignon grandit, il transperce cette membrane, laissant un sac à la base du pied qu'on appelle la volve. Il y a parfois des ornements sur le chapeau, qui sont des restants de la volve (verrues).

LES CHAMPIGNONS À LAMELLES TOXIQUES ET MORTELS

Au second stade, les lamelles sont recouvertes d'une fine membrane, le voile, qui tombe en jupette sur le pied lorsque le chapeau s'ouvre entièrement. N'oubliez pas que la volve, les ornements sur le chapeau et le voile sont des éléments fragiles et que les insectes, les intempéries et l'âge peuvent faire disparaître ces ornements.

Les Amanites ont une sporée blanche. Toutes ne sont pas toxiques, mais avant de vous aventurer à consommer des spécimens de cette famille, soyez certain de votre identification.

MORPHOLOGIE DES AMANITES

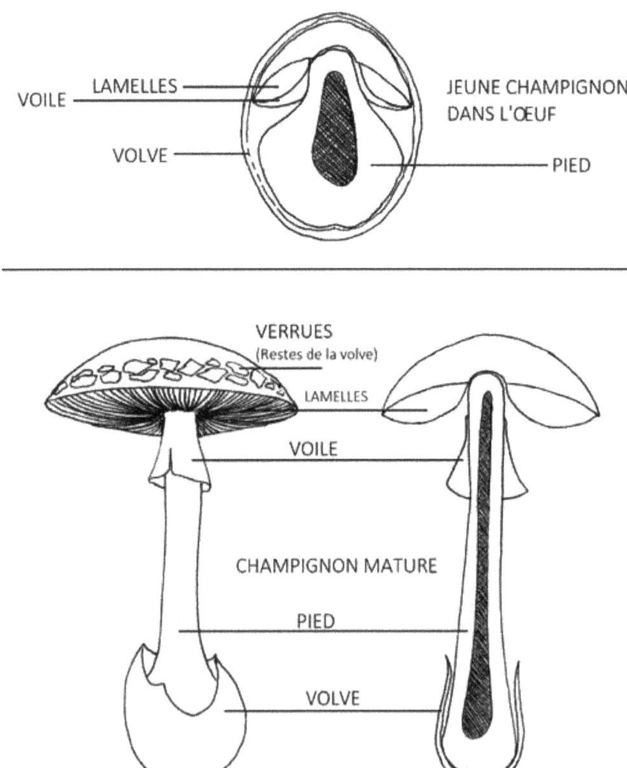

LES CHAMPIGNONS À LAMELLES TOXIQUES ET MORTELS

La volve des Amanites est souvent enfouie dans le sol.

LES CHAMPIGNONS À LAMELLES TOXIQUES ET MORTELS

Voile se détachant des lamelles

LES CHAMPIGNONS À LAMELLES TOXIQUES ET MORTELS

À gauche : champignon mature
À droite : jeune champignon sortant de l'œuf

LES CHAMPIGNONS À LAMELLES TOXIQUES ET MORTELS

AMANITE VIREUSE
(AMANITA VIROSA)

Ce beau grand champignon est remarquable par sa blancheur. La ressemblance entre le champignon de Paris et les belles amanites blanches amène les débutants à associer la blancheur et la forme à la comestibilité. L'absence d'odeur et de saveur désagréables font que le met fatal cuisiné avec l'amanite mortelle se consomme aisément.

L'Amanite vireuse n'a jamais été trouvée dans les forêts boréales et dans les bois purs de conifères au sud du Québec.

Ici, l'expression « au sud du Québec » veut dire toute la région sud par opposition au Grand Nord, donc les Laurentides font partie « du sud du Québec ».

LES CHAMPIGNONS À LAMELLES TOXIQUES ET MORTELS

DESCRIPTION TECHNIQUE DE L'AMANITE VIREUSE

HABITAT : forêts mixtes de conifères et de feuillus, surtout près des bouleaux, au sud du Québec de la fin juillet à octobre. Commune.
(Cosmopolite : se dit d'une espèce qui se trouve un peu partout dans le monde).

CHAPEAU : 5 à 12 cm, d'abord convexe-conique puis étalé avec un gros mamelon blanc pur, glabre et légèrement visqueux si humide. La volve laisse rarement de lambeaux de volve sur le chapeau.

CHAIR : assez mince sauf au centre du chapeau, blanche, molle, à l'odeur et saveur plutôt désagréables ou nulles.

LAMELLES : blanches, libres, plus larges vers le pourtour, amincies vers le pied, floconneuses à l'arête.

LAMELLULES : inégales, intercalées courtes, moyennes, longues, progressivement rétrécies vers le pied.

PIED : 9 à 12 par 1,0 à 1,5 cm, égal ou aminci vers le haut, élargi vers la base, farci puis creux, orné de fibrilles ou de squamules; terminé par un bulbe globuleux, engainé d'une volve membraneuse assez épaisse, ample, bursaire, séparable.

ANNEAU : membraneux, souvent friable, blanc.

SPORÉE : blanche.

MORTELLE

LES CHAMPIGNONS À LAMELLES TOXIQUES ET MORTELS

AMANITE BISPORIGÈRE *(AMANITA BISPORIGERA)*

Cette espèce nord-américaine se trouve occasionnellement dans les bois feuillus et mixtes du sud du Québec, en été et en automne. À part la grosseur et quelques détails, l'Amanite vireuse et l'Amanite bisporigère se ressemblent beaucoup.

Il n'est pas indispensable de différencier l'une de l'autre sur le terrain, il est surtout important de reconnaître que ces beaux champignons blancs sont des Amanites et qu'il est dangereux de les consommer. Elles causent des empoisonnements de type phalloïdien qui peuvent aller jusqu'à entraîner la mort.

LES CHAMPIGNONS À LAMELLES TOXIQUES ET MORTELS

DESCRIPTION TECHNIQUE DE L'AMANITE BISPORIGÈRE

HABITAT : sous les feuillus (chênes, hêtres, caryers, tilleuls) de juillet à septembre.
Occasionnelle.

HAUTEUR : 8 à 16 cm.

CHAPEAU : 4 à 6 cm, convexe ou un peu mamelonné, un peu visqueux, souvent avec un lambeau du voile. Marge lisse, souvent sinueuse.

CHAIR : à saveur et odeur faibles.

LAMELLES : libres, serrées, avec des lamellules courtes et longues progressivement rétrécies vers le pied.

PIED : égal ou un peu élargi vers la base, farci puis creux, blanc, lisse ou un peu fibrilleux; terminé à la base par un bulbe court et rond entouré d'une volve membraneuse, (adhérente, mais à rebord libre, lobée ou lacérée).

VOILE : membraneux, fragile, blanc rabattu.

SPORÉE : blanche.

MORTELLE

LES CHAMPIGNONS À LAMELLES TOXIQUES ET MORTELS

Il existe un autre champignon mortel au Québec : la Galérine automnale. Ce champignon contient des toxines mortelles comme les Amanites. Il fait partie du groupe des PCB (petits champignons bruns) difficiles à identifier.

En raison de son allure peu invitante et de petite taille, il est rare qu'il soit consommé par les mycologues. Il pourrait être confondu avec l'Armillaire couleur de miel, à cause de son mode de croissance en touffes denses sur le bois, mais l'Armillaire est plus gros et sort plus tôt à l'automne. De plus, il a une sporée blanche tandis que la Galérine à une sporée brun rouille.

Il faut aussi se méfier des Cortinaires, des Agarics et des petites Lépiotes qui poussent en forêts.

LES CHAMPIGNONS À LAMELLES TOXIQUES ET MORTELS

DESCRIPTION TECHNIQUE DE LA GALÉRINE AUTOMNALE

HABITAT : grégaire en touffes cespiteuses sur les troncs pourris de feuillus et de conifères, tard en automne.
En octobre et novembre.

HAUTEUR : 2 à 10 cm.

CHAPEAU : 5 à 12 cm, conique, convexe, puis plat, parfois légèrement mamelonné, hygrophane, brun orangé à brun jaunâtre, beige par temps sec, viscidule par temps humide, lisse, glabre, strié-pellucide à la marge.

LAMELLES: adnées - uncinées, décurrentes par une dent, crème ou brunâtres, brun roux à maturité, larges, assez serrées.

PIED : plus ou moins égal ou un peu élargi à la base, creux, sec, typiquement courbé chez les spécimens en touffes, doté d'un anneau membraneux blanchâtre et fugace, devenant roussâtre.

CHAIR : concolore au chapeau, sans odeur ou parfum distinctifs.

SPORÉE : brun rouille.

MORTELLE

LES CHAMPIGNONS À LAMELLES TOXIQUES ET MORTELS

Lamelles du Paxille enroulé qui se détachent à la pression du doigt

LES CHAMPIGNONS À LAMELLES TOXIQUES ET MORTELS

PAXILLE ENROULÉ *(PAXILLUS INVOLUTUS)*

Ce champignon est très commun dans nos forêts. Il pousse en été et en automne partout au Québec jusqu'à loin au Nord, et dans tous les types de forêt. Aussi appelé Chanterelle brune, il n'a pourtant rien d'une chanterelle sauf la forme en entonnoir. Il importe de bien l'identifier et de s'abstenir de le consommer.

Les rapports toxiques varient assez pour cette espèce, passant de comestible sans danger à poison mortel. Il est intéressant de voir que ce champignon n'a pas toujours été considéré comme toxique comme en font foi ces extraits de livres :

PAXILLE ENROULÉ – EXTRAIT DE : **Petit Atlas de poche des champignons comestibles et vénéneux**, Paul Dumee, 1895 : « *Habite dans les bois, le bord des routes, les fossés. En été et en automne. Comestible. En raison de sa fréquence, ce champignon mériterait d'être plus connu. Son aspect, il est vrai, est peu engageant, mais il est facile à reconnaître, suffisamment agréable à manger et n'offre aucun danger.* »

Mushrooms, poisons and panaceas, Denis R Benjamin, W.H. Freeman and Company, New York, 1995, p. 382. (traduction). « *Ce champignon a une longue tradition en Europe, souvent préparé salé ou dans le vinaigre. Il est consommé si fréquemment en Pologne que les symptômes gastro-intestinaux qu'il provoque sont le troisième type d'empoisonnement le plus commun* ».

LES CHAMPIGNONS À LAMELLES TOXIQUES ET MORTELS

Mushrooms Demystified, David Arora, Ten Speed Press, Berkeley, 1986, p. 478. (traduction) « *Dangereux! Il est souvent consommé en Europe et par des immigrants européens venus s'implanter ici. Ce champignon peut provoquer une hémolyse (destruction des globules rouges) et de l'insuffisance rénale, s'il est mangé cru et même cuit.* » (Apparemment, le corps humain développerait une hypersensibilité à ce champignon).

Le Paxille enroulé provoque des irritations gastro-intestinales sévères, mais aussi de l'insuffisance rénale et des accidents hémolytiques graves.
Hémolyse : Destruction des globules rouges du sang par éclatement. (Définition du Petit Larousse)

De toute façon, lorsqu'il existe une telle confusion autour d'un champignon et que les conséquences risquent d'être mortelles, on doit s'abstenir de le consommer et le considérer comme un champignon dangereux! On lui concède maintenant son propre syndrome : le syndrome paxillien. (Voir le chapitre sur les empoisonnements, Syndrome paxillien p. 38.)

Le dessus de son chapeau est d'un brun jaunâtre dont la texture fait penser à du cuir. Il a une forme en entonnoir. La chair est assez épaisse, de couleur jaunâtre brunissant à l'air. Les lamelles se détachent du chapeau à la pression du pouce. Avec votre pouce, poussez les lamelles en partant de la base près du pied; elles se détacheront facilement de la chair. Les lamelles se tachent de brun au moindre froissement. Chez les spécimens plus jeunes, la marge est fortement enroulée et se déroule à mesure que le champignon devient mature, laissant sur le bord du chapeau une texture un peu floconneuse.

LES CHAMPIGNONS À LAMELLES TOXIQUES ET MORTELS

Jeunes spécimens de Paxille enroulé. On voit bien la marge enroulée et duveteuse caractéristique de ce champignon.

DESCRIPTION TECHNIQUE DU PAXILLE ENROULÉ

HABITAT : terricole mais parfois lignicole à l'occasion, poussant souvent autour des souches. Bois de feuillus et de conifères. Eté, automne.

HAUTEUR : 5 à 10 cm.

CHAPEAU : 6 à 15 cm, convexe, brun cannelle déprimé au centre, à marge enroulée et duveteuse.

LAMELLES : ocre, olivâtres, brunes à maturité. Se tachant de brun au froissement, se détachant facilement avec l'ongle.

PIED : 4 à 5 cm, évasé sous les lames, plus clair que le chapeau.

CHAIR : épaisse, molle, jaunâtre, vire au brun rougeâtre au contact de l'air.

CONFUSION POSSIBLE : Chanterelle commune.

SPORÉE : brun rouille ou brun pâle. MORTEL

LES CHAMPIGNONS À LAMELLES TOXIQUES

LES CHAMPIGNONS À LAMELLES TOXIQUES

DESCRIPTION TECHNIQUE DE L'AMANITE TUE-MOUCHES *(AMANITA MUSCARIA)*

HABITAT : sous les conifères, surtout dans les plantations d'épinettes, aussi dans les bosquets de bouleaux et de peupliers, de la mi-juin à la mi-octobre.

CHAPEAU : 7 à 25 cm, globuleux, convexe puis étalé, jaune vif à orange, orné de verrues jaunâtres.

LAMELLES : blanchâtres, parfois jaunâtres à l'arête.

PIED : 10 à 28 cm par 1,0 à 2,5 cm, poudreux, fibrilleux ou squamuleux, blanc à jaune pâle, annelé, terminé par un bulbe arrondi et orné de petites écailles plus ou moins disposées en cercles.

CHAIR : blanche ou jaunâtre, à odeur non distinctive.

VOLVE : friable, blanc ou jaune pâle, laissant des flocons sur le chapeau.

VOILE : membraneux, blanc ou jaune pâle, laissant un anneau dans le haut du pied.

SPORÉE : blanche.

TOXIQUE

LES CHAMPIGNONS À LAMELLES TOXIQUES

L'amanite tue-mouches à différents stades de croissance. L'Amanite tue-mouches est toxique, mais pas mortelle.

LES CHAMPIGNONS À LAMELLES TOXIQUES

AMANITE TUE-MOUCHES

C'est un des champignons les plus connus au monde. Il pousse partout et sur tous les continents. Si vous êtes le moindrement familier avec la nature, vous avez sûrement déjà aperçu ce beau champignon jaune orangé, qui pousse souvent sous les sapins et autres conifères, parfois aussi à proximité des bouleaux.

Son nom rappelle qu'il était utilisé dans les boulangeries en Europe pour tuer les mouches : on laissait le champignon tremper dans un bol avec un peu d'eau et de sucre, les mouches étaient attirées par le nectar qui les engourdissait rapidement. Elles n'en meurent pas, mais tuer une mouche engourdie, c'est plus facile.

Ce champignon a une longue histoire. On le mentionne dans les écrits anciens du Rig-Veda, sous le nom du Dieu Soma; il était utilisé dans des rituels sacrés. Les shamans du Kamchatka s'en servirent aussi de manière rituelle. On lui a imputé les attaques furieuses et sanguinaires des Vikings, parce que certains effets liés à sa consommation provoquent « des attaques de rage folle ». Si vous fouillez sur internet à la recherche d'« Amanite tue-mouches », vous trouverez une panoplie de textes dans lesquels on lui attribue, à tort ou à raison, la légende du Père Noël et même l'origine du Christianisme!

Apprenez à connaître ce beau champignon dont les effets sont plus désagréables qu'hallucinogènes. De plus, grâce à sa belle couleur jaune orangé, il attire volontiers notre attention et il n'est pas rare de trouver en sa compagnie plusieurs espèces de Bolet, comme le célèbre Bolet comestible et le Bolet orangé.

LES CHAMPIGNONS À LAMELLES TOXIQUES

Il semblerait (selon Pomerleau) que l'Entolome livide n'existe pas au Québec, mais que l'Entolome de Gray (*Entoloma granayum*) et l'Entolome sinuatum seraient des proches parents qui croissent occasionnellement au sud du Québec, sur le sol, isolé ou en troupes, dans les bois d'arbres feuillus ou mêlées, en été et en automne.

Les Entolomes sont des espèces assez grandes, à sporée rose carné.

On se méfie des Entolomes et on devrait s'abstenir de les consommer, (sauf pour l'entolome avorté, facile à reconnaître dans sa forme avortée).

LES CHAMPIGNONS À LAMELLES TOXIQUES

DESCRIPTION TECHNIQUE DE L'ENTOLOME LIVIDE

HABITAT : dispersé ou en groupes au sol, dans les forêts de feuillus, de conifères ou mixtes, en été ou à l'automne.

HAUTEUR : 5 à 15 cm.

CHAPEAU : crème ocré pâle, gris jaunâtre, brun jaunâtre non hygrophane, glabre mais finement vergeté de fibrilles radiales innées; d'abord hémisphérique, ensuite convexe campanulé, puis étalé, parfois mamelonné ou avec un large dôme, à marge d'abord enroulée puis étalée, souvent sinueuse.

LAMELLES : sinuées, larges, plus ou moins serrées, nettement jaunes ou jaunâtres au début, puis rosées, saumon ou brun rose à maturité, souvent ondulées ou irrégulières à l'arête.

PIED : 6 à 12 cm par 1,5 à 3 cm, robuste ou fort, égal ou un peu élargi vers le bas; plein, farci puis creux, parfois fendu sur le long, blanc, crème ou brunâtre.

CHAIR : épaisse et ferme au centre du chapeau, à odeur forte et à saveur de farine fraîche ou rance.

SPORÉE : rosâtre.

FORTEMENT TOXIQUE

LES CHAMPIGNONS À LAMELLES TOXIQUES

TABLEAU COMPARATIF DES CHAMPIGNONS TOXIQUES POUVANT ÊTRE CONFONDUS AVEC LA CHANTERELLE COMMUNE		
CHANTERELLE COMMUNE	**PAXILLE ENROULÉ**	**CLITOCYBE LUMINEUX**
COMESTIBLE	MORTEL	TOXIQUE
jaune beurre	brun à jaune sale	jaune orangé
espèce terricole	espèce terricole, parfois lignicole	en touffes denses à la base des chênes
bois de conifères ou mixtes	bois de conifères ou mixtes	chênaies
COMMUN	COMMUN	RARE
PLIS	LAMELLES se détachant facilement de la chair	LAMELLES

LES CHAMPIGNONS À LAMELLES TOXIQUES

OMPHALOTUS ILLUDENS

DESCRIPTION TECHNIQUE DU CLITOCYBE LUMINEUX

HABITAT : pousse sur les souches et le long de vieilles racines enfouies, particulièrement de chênes, ce qui ne laisse pas toujours voir qu'il ne pousse pas directement sur le sol. En été. Occasionnel.

HAUTEUR : 8 à 25 cm.

CHAPEAU : 5 à 20 cm de diamètre, convexe puis étalé, finalement déprimé en entonnoir, parfois mamelonné, glabre, jaune safran, jaune orangé, brun rougeâtre, à marge enroulée, finalement étalée, souvent irrégulière.

LAMELLES : longuement décurrentes, étroites, serrées, occasionnellement fourchues, orange ou jaune d'or, souvent luminescentes à l'obscurité.

PIED : 5 à 20 cm par 1 à 2 cm, rétréci vers la base et terminé en pointe, courbé, souvent tordu et un peu excentrique, glabre, concolore au chapeau, plein, fibreux, puis strié longitudinalement.

SPORES : crème ou jaune pâle en tas.

IRRITANT GASTRO-INTESTINAL SÉVÈRE

5. CHAMPIGNONS À LAMELLES COMESTIBLES FACILES À IDENTIFIER

PLEUROTES, COPRINS, LACTAIRES, ENTOLOMES, RUSSULES

Voici des champignons à lamelles qui sont d'excellents comestibles et qu'il est presque impossible de confondre avec des champignons toxiques dangereux. Prenez soin de bien identifier vos spécimens avec la documentation appropriée.

Lorsque vous consommez une nouvelle espèce, évitez de les cuisiner avec d'autres champignons. Si vous mélanger plusieurs espèces, il est plus difficile de déterminer laquelle a des effets néfastes. Gardez un ou deux exemplaires comme témoins et ne mangez qu'une petite quantité. N'oubliez pas que la nervosité peut causer des symptômes désagréables. Ces conseils pourront dissiper vos craintes. Si vous vous réveillez pendant la nuit avec des crampes ou la nausée, vous pourrez toujours revérifier votre identification et vous rassurer.

En cas de symptômes plus sévères ou si les symptômes persistent, rendez-vous à l'urgence, emportez vos spécimens de champignons frais; ils aideront à déterminer si les champignons sont vraiment la cause de vos malaises.

Les réactions allergiques, quoiqu'assez rares, sont toujours possibles. Si vous êtes déjà allergiques aux champignons de Paris ou aux Pleurotes, soyez vigilants. Si vous n'êtes pas entièrement à l'aise avec l'idée de consommer des champignons sauvages, vous devriez vous en abstenir. La peur peu rendre malade. Ne servez pas de champignons sauvages à l'insu d'une personne.

CHAMPIGNONS À LAMELLES COMESTIBLES FACILES À IDENTIFIER

LES PLEUROTES

Les Pleurotes sont des champignons charnus, qui poussent principalement sur les essences d'arbres feuillus, morts ou vivants (sauf le Pleurote étalé qui pousse sur les souches de conifères).

Contrairement aux Polypores, qui poussent aussi sur les arbres, les Pleurotes ont des lamelles et non des tubes. De plus, les Pleurotes ont une chair ferme (qui devient tenace quand ils sont très vieux) alors que la chair des Polypores est en permanence coriace comme du bois. Les Pleurotes ont souvent l'allure d'un éventail, avec un pied excentrique très court, parfois absent. La chair dégage un parfum agréable et délicat.

CHAMPIGNONS À LAMELLES COMESTIBLES FACILES À IDENTIFIER

PLEUROTE EN FORME D'HUÎTRE (*PLEUROTUS OSTREATUS*)

Le Pleurote en forme d'huître pousse en touffes imbriquées sur les troncs d'essences feuillues. Il a souvent une forme en demi-cercle ou éventail, avec un pied excentrique très court, parfois absent. La chair est tendre ou tenace et son parfum est délicat et agréable.

Contrairement à certaines espèces qui sortent seulement l'été ou l'automne, le Pleurote en forme d'huître a une longue période de croissance; il pousse tout au long de la saison mycologique, dès le début du printemps jusqu'à tard l'automne. Il aime les températures fraîches et humides. Si notre hiver Québécois n'était pas si rigoureux, il pousserait toute l'année. Ce champignon est largement cultivé en Amérique du Nord et il n'est pas rare de le retrouver sur les tablettes de nos supermarchés.

CHAMPIGNONS À LAMELLES COMESTIBLES FACILES À IDENTIFIER

DESCRIPTION TECHNIQUE DU PLEUROTE
EN FORME D'HUITRE

HABITAT : commun, sur les troncs ou les souches des essences feuillues. Pousse tout au long de la saison mycologique, soit de mai à novembre.

CHAPEAU : 2 à 20 cm de diamètre. En éventail ou en coquille, semi-orbiculaire ou allongé, convexe, puis étalé et un peu déprimé à l'arrière, ou circulaire en forme d'entonnoir plus ou moins profond et au pied central ou excentrique, glabre, lisse, blanchâtre, fauve, gris olivâtre ou plus foncé, à marge enroulée, puis droite et relevée à la fin, ondulée ou régulière.

CHAIR : épaisse, le plus souvent tendre, parfois tenace à la fin, à odeur et à saveur agréables.

LAMELLES : longuement décurrentes le long du pied, fourchues ou interveinées, assez larges et espacées, inégales, blanchâtres.

PIED : 1 à 3 cm par 1,0 à 2,5 cm, nul ou court chez les formes sessiles ou latérales, 7 à 11 par 2 à 4 cm chez les formes stipitées. Excentrique ou central, glabre ou poilu, blanchâtre, lisse ou réticulé. Plein.

SPORÉE :
blanchâtre, crème ou lilas.

COMESTIBLE

CHAMPIGNONS À LAMELLES COMESTIBLES FACILES À IDENTIFIER

PLEUROTE TARDIF *(PANELLUS SEROTINUS)*

Comme son nom l'indique, le Pleurote tardif arrive tard en saison, soit fin septembre, octobre, et il pousse jusqu'à tard au mois de novembre, sur les souches et troncs d'arbres tombés dans les forêts de feuillus.

Il a la forme générale des Pleurotes, soit en forme d'éventail, avec un pied excentrique qui se confond avec la chair du chapeau. Son chapeau est de couleur verdâtre et couvert d'une fine toison, mais il peut varier de jaunâtre lumineux avec des reflets brun violacé. Les lamelles sont plutôt étroites, minces, serrées, jaunes ou jaune ocre pâle. La sporée est blanche à blanchâtre.

Ce champignon se retrouve en abondance et il peut difficilement être confondu avec d'autres espèces. J'en fais souvent des réserves au congélateur pour l'hiver, je l'utilise dans des sauces et des mets divers, dans lesquels j'utiliserais habituellement des champignons de Paris. On peut aussi le faire sécher, mais il perd un peu de sa belle texture *viandeuse*. Lorsqu'il est frais, on peut le faire frire enrobé dans de la pâte à crêpe. Vous trouverez la recette dans le chapitre sur les recettes.

CHAMPIGNONS À LAMELLES COMESTIBLES FACILES À IDENTIFIER

DESCRIPTION TECHNIQUE DU PLEUROTE TARDIF

HABITAT : isolé ou en touffes imbriquées sur les troncs morts des arbres feuillus. Fin septembre, octobre et novembre.

CHAPEAU : 1 à 8 cm de diamètre, semi-orbiculaire ou arrondi, parfois réniforme, convexe, puis étalé, humide ou visqueux, couvert d'une fine toison brune surtout au point d'attache, olivâtre sombre avec reflets rougeâtres, à marge enroulée, puis droite.

CHAIR : épaisse, ferme, blanchâtre, gélatineuse et verdâtre sous la cuticule, à saveur un peu âcre ou douceâtre, à odeur faible.

LAMELLES : adnées-émarginées ou un peu décurrentes, minces, étroites, serrées, jaunes, orangées ou fauvâtres.

PIED : latéral, court, visible sous le chapeau, courbe formant un demi-cercle près des lamelles, épais, ferme, plein, jaune moucheté de flocons bruns.

SPORÉE : blanchâtre.

COMESTIBLE

CHAMPIGNONS À LAMELLES COMESTIBLES FACILES À IDENTIFIER

PLEUROTE ÉTALÉ *(PLEUROTELLUS PORRIGENS)*

Ce Pleurote se distingue par sa petite taille, sa chair mince et sa couleur blanc de lait. Il pousse souvent sur les souches de conifères, à la fin de l'été et à l'automne.

Il a un parfum doux et agréable; on le considère comme un assez bon comestible, même s'il n'offre que très peu de chair.

Il n'a pas de saveur particulière, mais il s'intègre bien à d'autres champignons dans un mélange forestier, frais ou séché.

CHAMPIGNONS À LAMELLES COMESTIBLES FACILES À IDENTIFIER

DESCRIPTION TECHNIQUE DU PLEUROTE ÉTALÉ

HABITAT : commun, il croît sur le bois pourri de conifères. D'août à octobre.

CHAPEAU : 2 à 3 cm par 4 à 7 cm, en forme de languette ou d'éventail, convexe, étalé ou aplani, sessile, parfois rétréci à la base et tronqué à l'autre extrémité, glabre, sauf au point d'attache, blanc de lait, à marge lobée ou ondulée.

CHAIR : mince, blanche, à saveur et à odeur agréables.

LAMELLES : rayonnantes, décurrentes, étroites, serrées, fourchues, blanches, puis grisâtres.

PIED : nul ou réduit à un tubercule.

SPORÉE : blanche.

COMESTIBLE

CHAMPIGNONS À LAMELLES COMESTIBLES FACILES À IDENTIFIER

PLEUROTE DE L'ORME *(PLEUROTUS ULMARIUS)*

Contrairement aux espèces décrites précédemment, ce pleurote a un chapeau complet, plus ou moins rond, ainsi qu'un pied complet qui le rattache à l'arbre.

Il est blanc et pousse souvent dans les blessures d'arbres feuillus, pas seulement sur les ormes. Il pousse parfois tellement haut sur les arbres qu'il est difficile à cueillir à moins d'acrobaties considérables et c'est ainsi que certains champignons sont responsables de jambes ou de bras cassés!

Le Pleurote de l'orme pousse plutôt seul qu'en groupes denses, mais on en trouve parfois assez d'un arbre à l'autre pour faire une belle récolte. Il croît en octobre et novembre.

CHAMPIGNONS À LAMELLES COMESTIBLES FACILES À IDENTIFIER

DESCRIPTION TECHNIQUE DU PLEUROTE DE L'ORME

HABITAT : fréquent, il pousse sur les blessures des arbres feuillus, vivants ou morts. À la fin de l'automne.

HAUTEUR : 5 à 15 cm.

CHAPEAU : convexe, puis étalé, ferme, glabre ou un peu tomenteux, souvent crevassé avec l'âge, blanc ou crème pâle, à marge incurvée, puis droite.

CHAIR : épaisse, ferme, blanche, à saveur et à odeur agréables.

LAMELLES : adnées-émarginées, larges, assez serrées, inégales, blanches.

PIED : robuste, plus ou moins excentrique, droit ou courbe, plein, glabre ou un peu tomenteux, parfois fendillé, blanc ou brunâtre.

SPORÉE : blanche.

COMESTIBLE

CHAMPIGNONS À LAMELLES COMESTIBLES FACILES À IDENTIFIER

Coprins chevelus à divers stades de croissance.
On voit en arrière les spécimens plus mûrs.

LES COPRINS

Les Coprins sont un groupe de champignons charnus qui poussent sur de la matière organique morte. Lorsqu'ils atteignent la maturité, les lamelles deviennent déliquescentes.

Déliquescent signifie qui se liquéfie, s'autodigère.

Les deux espèces de Coprin que l'on rencontre le plus souvent sont le Coprin noir d'encre *(Coprinus atramentarius)* et le Coprin chevelu *(Coprinus comatus)*.

CHAMPIGNONS À LAMELLES COMESTIBLES FACILES À IDENTIFIER

COPRIN CHEVELU (*COPRINUS COMATUS)*

Le Coprin chevelu pousse sur les gazons bien engraissés, dans les jardins et sur le bran de scie. Ce n'est pas un champignon qui pousse dans la forêt. Il pousse en troupes sur le sol où il forme des colonies parfois assez denses.

Il aime le froid et pousse après les premiers gels. Ses lamelles sont tellement serrées qu'il n'y a plus d'espace pour laisser tomber les spores. C'est pourquoi il se liquéfie, les spores se dispersant dans ce liquide noir. Ce champignon croît rapidement. Il peut mûrir et s'autodigérer en quelques heures, ne laissant parfois que son pied ou une masse informe noire sur le gazon.

C'est un champignon qu'il faut consommer lorsqu'il est jeune avant que les lamelles noircissent, sinon, il faut retirer la partie noircie. Son goût délicat et sa facilité à l'identifier en font un champignon recherché des amateurs. On le mange sauté à la poêle ou en crème de champignon; il se congèle très bien. Il est difficile à faire sécher, parce qu'il murit et se liquéfie très rapidement.

CHAMPIGNONS À LAMELLES COMESTIBLES FACILES À IDENTIFIER

Lamelles serrées et mûrissantes du Coprin chevelu

CHAMPIGNONS À LAMELLES COMESTIBLES FACILES À IDENTIFIER

DESCRIPTION TECHNIQUE DU COPRIN CHEVELU

HABITAT : champignon de ville, il pousse sur les gazons, parfois sur le bran de scie. Il sort après les premières gelées. Fin septembre, octobre et novembre.

HAUTEUR : 10 à 20 cm.

CHAPEAU : cylindrique ou fusiforme, puis campanulé, parsemé d'écailles ou de mèches brunes retroussées.

CHAIR : mince, blanche, déliquescente.

LAMELLES : libres, très serrées, blanches puis rosâtres et devenant noires en se liquéfiant.

PIED : cylindrique, blanc, creux, muni d'un anneau étroit.

SPORÉE : noire, déliquescente.

EXCELLENT COMESTIBLE

CHAMPIGNONS À LAMELLES COMESTIBLES FACILES À IDENTIFIER

Coprins noir d'encre (Alcohol inky, en anglais)

CHAMPIGNONS À LAMELLES COMESTIBLES FACILES À IDENTIFIER

COPRIN NOIR D'ENCRE *(COPRINUS ATRAMENTARIUS)*

Le Coprin noir d'encre croît en touffes denses sur les sols fumés, dans les parcs, les jardins, les champs, et aussi près des souches et des racines pourries.

Il est comestible, mais attention, il ne faut pas le consommer avec une boisson alcoolique (d'où son nom anglais « Alcohol inky ») même plusieurs heures après avoir bu. (Voir *Syndrome coprinien* au chapitre sur les empoisonnements) car il se produit alors une intoxication, bénigne mais désagréable. Si vous consommez de l'alcool, abstenez vous de consommer ce champignon.

COMESTIBLE AVEC PRÉCAUTION.
NE PAS CONSOMMER 72 HEURES
AVANT OU APRÈS
AVOIR BU DE L'ALCOOL.
Des symptômes désagréables s'en suivraient :
bouffées de chaleur, plaques rouges et nausées.
Les symptômes disparaissent d'eux-mêmes
après une à deux heures.
Selon moi, même comestible et sans alcool,
il n'est pas assez savoureux pour être consommé.

CHAMPIGNONS À LAMELLES COMESTIBLES FACILES À IDENTIFIER

Coprins noir d'encre. COMESTIBLES MAIS ÉVITEZ DE LES CONSOMMER AVEC DE L'ALCOOL.

CHAMPIGNONS À LAMELLES COMESTIBLES FACILES À IDENTIFIER

DESCRIPTION TECHNIQUE DU COPRIN NOIR D'ENCRE

HABITAT : grégaire, sur les sols fumés, pelouses, parcs, potagers, champs, le long des routes, sur les souches, les racines pourries. De mai à novembre.

HAUTEUR : 8 à 17 cm.

CHAPEAU : ovoïde, brunâtre, grisâtre, soyeux et fibreux, couvert de petites écailles apprimées.

MARGE : sillonnée, légèrement ondulée ou irrégulière, puis retroussée et déliquescente.

LAMELLES : libres, très serrées, ventrues, larges, blanches puis grisâtres, finalement noires déliquescentes.

CHAIR : mince, blanche, puis grise et noire.

PIED : creux, cartilagineux, cassant, égal ou rétréci.

SPORÉE : noire déliquescente.

COMESTIBLE SANS ALCOOL.

CHAMPIGNONS À LAMELLES COMESTIBLES FACILES À IDENTIFIER

LES LACTAIRES

En général, les Lactaires sont faciles à identifier à cause du liquide qui s'écoule de leur chair à la cassure. Ce liquide, qu'on appelle le lait ou le latex, est plus ou moins abondant selon l'espèce. Sa couleur peut être immuable ou non, et c'est aussi un critère pour l'identification.

CHAMPIGNONS À LAMELLES COMESTIBLES FACILES À IDENTIFIER

LES LACTAIRES

Les Lactaires ont une chair assez fragile, qu'on dit cassante et granuleuse (contrairement à certaines espèces dont la chair est qualifiée d'élastique, de fibreuse, de molle, de tenace, de coriace, de rigide ou de cartilagineuse). Les Lactaires ont toujours des lamelles adnées, une forme plus ou moins prononcée d'entonnoir et un pied presque toujours creux ou farci.

Quelques espèces sont comestibles et valent la peine d'être consommées, notamment le Lactaire délicieux et le Lactaire couleur de suie. Aucun Lactaire n'est très dangereux. Ceux qui pourraient provoquer des troubles gastriques sont tellement âcres qu'il est presque impossible de les manger.

RÈGLE PARTICULIÈRE AUX LACTAIRES : ATTENTION on ne peut appliquer ce principe à toutes les espèces, cependant, lorsqu'on est en présence d'un Lactaire, on peut goûter au lait en enduisant une petite quantité sur le bout de la langue (1 ou 2 gouttes), ou mâcher une petite quantité de chair (environ la grosseur d'un bleuet sauvage) que l'on recrache ensuite. Il n'y a aucun danger d'empoisonnement à faire ce test.

LA RÈGLE : les Lactaires au goût âcre sont considérés comme impropres à la consommation et même toxiques, tandis que les Lactaires à saveur douce sont comestibles.

CHAMPIGNONS À LAMELLES COMESTIBLES FACILES À IDENTIFIER

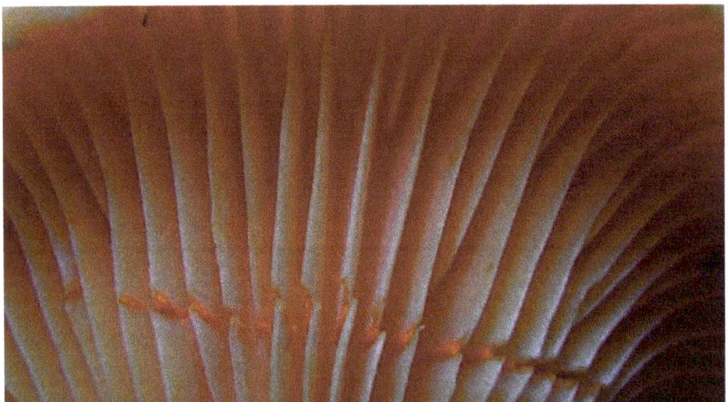

Lactaire délicieux et son latex de couleur orange vif

CHAMPIGNONS À LAMELLES COMESTIBLES FACILES À IDENTIFIER

LACTAIRE DÉLICIEUX *(LACTARIUS DELICIOSUS)*

C'est un champignon assez facile à trouver et surtout à reconnaître. Il est le seul champignon à lamelles à faire un lait orange, ce qui le rend impossible à confondre avec d'autres espèces.

Il pousse en été et en automne, sous les conifères, les sapins et les épinettes, dans la mousse et les endroits humides. Il a une taille moyenne et une belle couleur orangée.

Son pied est creux, orné de fossettes plus ou moins foncées, verdâtres à la fin. Sa chair est de couleur orange, granuleuse et exulte un lait orange vif assez abondant, à saveur douce et au parfum fruité. Les lamelles sont adnées, de couleur orange, serrées et fourchues.

CHAMPIGNONS À LAMELLES COMESTIBLES FACILES À IDENTIFIER

Les Lactaires ont souvent des cercles concentriques sur le dessus du chapeau, on dit zoné. (Lactaire délicieux)

CHAMPIGNONS À LAMELLES COMESTIBLES FACILES À IDENTIFIER

DESCRIPTION TECHNIQUE DU LACTAIRE DÉLICIEUX

HABITAT : commun, il pousse en troupes parfois nombreuses sous les conifères ou dans les anciens pâturages, à l'orée des bois, dans les lieux un peu humides. Août à octobre.

HAUTEUR : 6 à 10 cm.

CHAPEAU : convexe étalé, puis déprimé, un peu visqueux, faiblement zoné, surtout vers la marge, orange carotte, verdâtre à la fin.

LAMELLES : adnées, serrées, jaune orange, verdâtres au froissement, exsudant un lait orange assez abondant et immuable.

CHAIR : assez épaisse, granuleuse, orange puis verdâtre, exsudant un lait orange vif au parfum fruité.

PIED : égal, creux, un peu visqueux, concolore au chapeau, marqué de fossettes plus foncées.

SPORÉE : jaunâtre.

BON COMESTIBLE

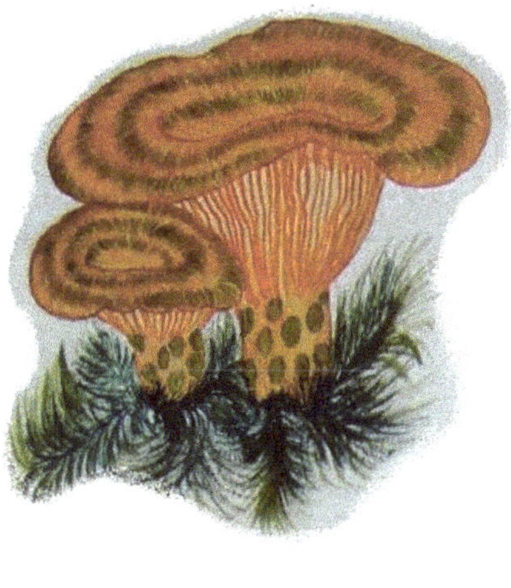

CHAMPIGNONS À LAMELLES COMESTIBLES FACILES À IDENTIFIER

CHAMPIGNONS À LAMELLES COMESTIBLES FACILES À IDENTIFIER

LACTAIRE COULEUR DE SUIE *(LACTAIRE LIGNYOTUS)*

Ce très beau Lactaire est reconnaissable à son chapeau brun noirâtre à texture de velours, avec un petit mamelon pointu au centre, à marge enroulée au début, étalée avec l'âge.

Le pied est farci, de la même couleur que le chapeau ou légèrement plus pâle. Les lamelles sont adnées, de couleur blanc amande, un peu plus foncées avec l'âge; elles font un effet de contraste superbe avec la couleur du chapeau.

Il est commun dans les bois de conifères et mixtes, où il pousse ici et là.

Un autre Lactaire qui lui ressemble beaucoup est le Lactaire de Gérard, un peu plus gros et au chapeau un peu plus pâle. Il possède les mêmes valeurs gustatives que le premier.

Son lait est blanc, parfois peu abondant. La meilleure façon de faire jaillir le latex est de lacérer légèrement les lamelles avec la pointe du couteau et d'attendre 30 secondes. Des gouttes de lait apparaîtront sur les lamelles.

Il est bien important de ne pas le confondre par négligence, avec d'autres champignons dont le chapeau a une apparence velouté, mais dont les lamelles brun foncé ne produisant pas de lait.

CHAMPIGNONS À LAMELLES COMESTIBLES FACILES À IDENTIFIER

CHAMPIGNONS À LAMELLES COMESTIBLES FACILES À IDENTIFIER

DESCRIPTION TECHNIQUE DU LACTAIRE COULEUR DE SUIE

HABITAT : il pousse sous les sapins et dans les tourbières, en été et en automne.

CHAPEAU : 2 à 9 cm, campanulé, convexe-papillé, puis étalé, déprimé mais demeurant papillé (proéminence pointue et brusque au centre du chapeau). Chapeau d'un beau brun noirâtre velouté, pâlissant avec l'âge.

LAMELLES : adnées, puis légèrement décurrentes, blanches, ocre pâle, plus ou moins espacées, tachant rougeâtre à la cassure.

PIED : égal et de la même couleur que le chapeau.

CHAIR : blanche rosâtre à la cassure, odeur faible, saveur légèrement amère disparaissant à la cuisson.

LATEX : blanc, immuable, tachant parfois la chair de rose rougeâtre, à saveur un peu amère.

SPORÉE : ocre pâle.

COMESTIBLE

CHAMPIGNONS À LAMELLES COMESTIBLES FACILES À IDENTIFIER

LES ENTOLOMES

Les Entolomes sont une famille de champignons difficiles à identifier et dont plusieurs espèces sont toxiques. Cependant, il en est un qui est très facile à identifier lorsqu'il pousse dans sa forme parasitée.

(Parasité : un champignon dont la forme est altérée par un autre champignon, ce qui le rend stérile).

L'Entolome avorté, malgré son nom peu invitant, est délicieux.

CHAMPIGNONS À LAMELLES COMESTIBLES FACILES À IDENTIFIER

ENTOLOME AVORTÉ *(ENTOLOMA ABORTIVUM)*

Ce champignon se présente soit sous forme de champignon avec un pied et un chapeau, aux lamelles adnées-décurrentes, soit sous forme parasitée, d'aspect globuleux et irrégulier, blanchâtre et assez peu appétissant. On trouve les deux formes ensemble ou séparément, sur les souches de bois très pourries, en fin d'été et en automne.

L'Entolome avorté est très savoureux, contrairement aux Vesses-de-loup, avec lesquelles il pourrait être confondu (sans conséquences graves puisqu'elles sont aussi comestibles). La meilleure façon de le cuisiner est de le couper en fines tranches et de le faire frire à la poêle avec un peu d'huile. Faire revenir à feu modéré jusqu'à ce qu'il se colore légèrement. Ajouter un peu de beurre à la fin. Servir avec une pincée de sel de mer.

Entolome avorté dans ses deux formes

CHAMPIGNONS À LAMELLES COMESTIBLES FACILES À IDENTIFIER

CHAMPIGNONS À LAMELLES COMESTIBLES FACILES À IDENTIFIER

DESCRIPTION TECHNIQUE DE L'ENTOLOME AVORTÉ

HABITAT : en touffes ou petits groupes sur le sol ou le bois pourri, près des souches, dans les forêts de feuillus ou mixtes, en été et en automne.

CHAPEAU : 4 à 15 cm de diamètre, étalé et mamelonné dans sa forme normale. 3 à 6 cm de diamètre, en masse globuleuse dans sa forme avortée. Dans les deux cas, chapeau soyeux, glabre, gris souris à brun grisâtre.

CHAIR : assez épaisse, blanche, à odeur de farine parfois assez forte et presque désagréable.

LAMELLES : dans sa forme normale, les lamelles sont étroites et serrées, décurrentes, grisâtre pâle au début, devenant rosâtres à maturité.

PIED : égal ou un peu bulbeux, plein, fibrilleux vers le sommet, de la même couleur que le chapeau.

SPORÉE : cannelle ou brun rosâtre. (Note : ne fait pas de sporée dans sa forme avortée.)

COMESTIBLE

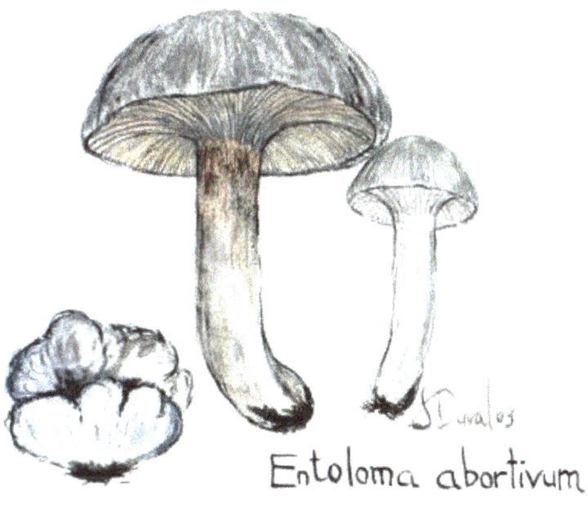

CHAMPIGNONS À LAMELLES COMESTIBLES FACILES À IDENTIFIER

Chez les Russules (sauf le Russule à pied court), la cuticule se sépare plus ou moins facilement de la chair du chapeau.

CHAMPIGNONS À LAMELLES COMESTIBLES FACILES À IDENTIFIER

LES RUSSULES

S'il est assez facile d'identifier une Russule, il est plus difficile d'en distinguer les différentes espèces parce qu'elles se ressemblent toutes. Les Russules sont nombreuses dans nos bois, mais on remarque plus particulièrement celles qui arborent des couleurs vives : rouge, jaune, rose, mauve, mais il en existe aussi aux teintes plus fades.

On reconnaît les Russules à leur chair cassante, friable et granuleuse. La cuticule (peau qui recouvre le chapeau) est lisse, mince et plus ou moins séparable de la chair du chapeau, surtout sur la marge.

RECONNAÎTRE LES RUSSULES : prenez un spécimen frais et cassez le pied, vous verrez que la cassure est nette, comme lorsqu'on casse de la craie. Chez d'autres espèces, comme les Amanites, Tricholomes ou Pleurotes, la chair est plutôt fibreuse et élastique.

Lorsque vous savez reconnaître une Russule, le test du goût s'applique. Si la Russule a une saveur douce, elle est comestible; si sa saveur est âcre ou piquante, la Russule est à rejeter. Aucune Russule n'est poison mortel. Les plus dangereuses, si vous réussissez à les manger malgré leur saveur piquante et désagréable, vous donneront la nausée et peut-être une bonne indigestion.

> TEST DU GOÛT : prenez un petit morceau du champignon (d'environ la grosseur d'un pois), mettez-le dans sa bouche et mâchez, laissez les saveurs se développer et recrachez le morceau de champignon.

CHAMPIGNONS À LAMELLES COMESTIBLES FACILES À IDENTIFIER

CHAMPIGNON HOMARD *(HYPOMYCES LACTIFLUORUM)*

Voici une Russule facile à reconnaître et délicieuse. Comme pour l'Entolome avorté, c'est un champignon qui est parasité par un autre champignon, la Dermatose des Russules. Elle prend alors une forme et une couleur complètement différentes. Elle est aussi beaucoup plus savoureuse.

Connu aussi sous le nom de Champignon homard ou Champignon crabe, ce champignon se présente sous la forme de grosses masses jaune orangé (de 5 à 15 cm). Il est important de cueillir des spécimens jeunes et frais, dont la chair est légèrement parfumée. Plus le champignon est vieux, plus la chair à une odeur forte et désagréable de vieux poisson.

CHAMPIGNONS À LAMELLES COMESTIBLES FACILES À IDENTIFIER

DESCRIPTION TECHNIQUE DU CHAMPIGNON HOMARD

HABITAT : commun, pousse à l'orée des bois, dans les clairières, les bosquets et les bois mêlés, les chemins forestiers, même pendant les étés très secs. De juillet à octobre.

HAUTEUR : 5 à 10 cm.

CARPOPHORE : masses difformes et irrégulières, plus ou moins en forme de cône inversé, formé d'une croûte assez rigide, jaune orangé vif, à surface rugueuse.

CHAIR : épaisse et cassante, blanchâtre ou jaunâtre.

SPORÉE : poussière blanche à la surface de la croûte à maturité.

TRÈS BON COMESTIBLE

Presque toujours très sale, il faut bien laver ce champignon pour enlever toute la terre. Comme il est très ferme, on peut le passer sous l'eau sans problème.

CHAMPIGNONS À LAMELLES COMESTIBLES FACILES À IDENTIFIER

RUSSULE À PIED COURT *(RUSSULA BREVIPES)*

La Russule à pied court est le champignon qui est parasité par le Champignon homard *(Hypomyces lactifluorum)*. Dans sa forme non parasitée, c'est un comestible acceptable, intéressant pour sa texture croquante avec un arrière-goût poivré. On consomme ce champignon sauté à la poêle, avec huile d'olive ou beurre, échalotes et sel.

CHAMPIGNONS À LAMELLES COMESTIBLES FACILES À IDENTIFIER

DESCRIPTION TECHNIQUE DE LA RUSSULE À PIED COURT

HABITAT : solitaire ou éparpillé, en groupes sur le sol dans les forêts mixtes. Commun, de juillet à septembre.

HAUTEUR : 5 à 20 cm.

CHAPEAU : large, sec, en entonnoir, blanc taché de jaunâtre, à marge enroulée, puis relevée.
Le chapeau soulève beaucoup de terre et des éléments du substrat.

CUTICULE : peu ou pas détachable.

CHAIR : ferme, cassante, blanche, odeur de poisson.

LAMELLES : adnées, faiblement décurrentes, minces, étroites, serrées, nombreuses, lamellules inégales, parfois fourchues près du pied, souvent avec un reflet bleu-vert, tachées de brun avec l'âge.

PIED : typiquement court, égal ou un peu rétréci, plein, blanc ou jaunâtre.

SPORÉE : blanchâtre.

REMARQUE : peut ressembler à un Lactaire (surtout au Lactaire poivré) à cause de sa forme et de sa texture. Cependant, les Lactaires font un lait à la cassure, les Russules n'en font pas.

COMESTIBLE

CHAMPIGNONS À LAMELLES COMESTIBLES FACILES À IDENTIFIER

CHAMPIGNONS À LAMELLES COMESTIBLES FACILES À IDENTIFIER

RUSSULE DE PECK *(RUSSULA PECKII)*

Cette Russule est facile à reconnaître en raison de son pied qui est teinté de rose, ce qui permet de la cueillir pour la consommation sans avoir à faire le test du goût à chaque fois. C'est un bon champignon à texture agréable et qui teintera la sauce à la crème en rose.

DESCRIPTION TECHNIQUE DE LA RUSSULE DE PECK

HABITAT : fréquent, dans les bois de conifères et mixtes. Été – automne.

HAUTEUR : 6 à 12 cm.

CHAPEAU : 3 à 10 cm de diamètre. Hémisphérique, convexe, à cuticule séparable, rose rouge, à marge cannelée.

CHAIR : épaisse, fragile, blanche, rouge sang sous la cuticule, à odeur faible.

LAMELLES : adnées, assez larges, parfois fourchues, serrées ou subespacées, blanches.

PIED : 5 à 10 cm par 0,8 à 2,4 cm. Élargi vers la base, sec, striolé, blanc vers le sommet, rose ou rouge vers la base.

SPORÉE : blanchâtre.

COMESTIBLE

6. CHAMPIGNONS À LAMELLES DIFFICILES À IDENTIFIER

On retrouve dans cette catégorie des champignons dont les critères d'identification sont moins évidents pour les débutants. Avec un peu d'expérience pratique, il vous sera néanmoins possible d'étendre votre *palette mycologique* et d'identifier ces champignons.

Notez que seulement quelques familles sont décrites et que la liste est beaucoup plus longue. Commencez par vous familiariser avec les espèces difficiles les plus communes pour prendre de l'expérience.

Je vous garantis des années de plaisir à l'identification de tous les champignons.

CHAMPIGNONS À LAMELLES DIFFICILES À IDENTIFIER

LES TRICHOLOMES

Du grec *Thrix* = poil et *loma* = marge. À marge poilue. Champignons terrestres, charnus, trapus, à pied non séparable du chapeau sans volve ni voile ou anneau, aux lamelles sinuées et à sporée blanche.

En général, les Tricholomes sont difficiles à reconnaître pour le débutant. Ce sont des champignons de taille moyenne qui poussent sur le sol. On les retrouve dans les bois ou dans les champs, parfois dans les endroits dégagés. Ils n'ont pas d'anneau, de voile ou de cortine sur le pied, pas de sac (volve) à la base du pied ni de verrues sur le chapeau.

Leurs lamelles sont le plus souvent adnées (soudées au pied) et sinuées : c'est à dire que les lamelles, près du pied, ont une petite échancrure, une coche, avant de redescendre et toucher aux lamelles. Leurs lamelles ne sont jamais libres ou décurrentes.

CHAMPIGNONS À LAMELLES DIFFICILES À IDENTIFIER

Les Tricholomes ressemblent un peu aux Russules, mais ces dernières ont une chair cassante, alors que les Tricholomes ont une chair fibreuse, surtout dans le pied. Leur chapeau offre aussi une surface fibrilleuse, parfois écailleuse. Leur sporée est blanche.

Un des Tricholomes les plus fréquents dans nos forêts en automne est le Tricholome vergeté, ou *Tricholome virgatum*, que vous reconnaîtrez simplement par son mamelon très pointu et noirâtre; le reste du disque du chapeau est d'un gris très pâle, presque blanc. C'est une espèce non comestible en raison de sa saveur très âcre.

CHAMPIGNONS À LAMELLES DIFFICILES À IDENTIFIER

DESCRIPTION TECHNIQUE DU TRICHOLOME VERGETÉ

HABITAT : isolé ou plus ou moins grégaire dans les forêts de conifères ou mixtes, souvent parmi les mousses. Très commun du mois d'août à novembre.

HAUTEUR : 8 à 16 cm.

CHAPEAU : 3 à 8 cm, conique, ensuite convexe et mamelonné, pointu au centre, densément orné de fibrilles radiales et innées, grises ou noirâtres, sur fond pâle, plus foncé au centre.

LAMELLES : adnées ou émarginées, larges, serrées, inégales, plutôt épaisses, légèrement ventrues, blanchâtres puis grisâtres.

PIED : égal, élancé, plein, ensuite creux, à fibrilles innées, blanc ou blanchâtre.

CHAIR : ferme, plutôt mince, sauf au centre, blanche, ensuite gris cendré, odeur faible et saveur amère et poivrée.

SPORÉE : blanche.

NON COMESTIBLE
Saveur désagréable,
amère.

CHAMPIGNONS À LAMELLES DIFFICILES À IDENTIFIER

CHAMPIGNONS À LAMELLES DIFFICILES À IDENTIFIER

TRICHOLOME ÉQUESTRE *(TRICHOLOMA FLAVOVIRENS)*

La plupart des Tricholomes qui poussent au Québec ont un goût âcre et détestable, certains sont vénéneux, mais il en est un qui vaut la peine qu'on s'y arrête pour sa saveur exceptionnelle : le Tricholome équestre.

Le Tricholome équestre est une bonne raison de pousser plus loin l'apprentissage des champignons, car cette belle espèce qui sort assez tard en saison, c'est-à-dire vers la fin septembre, au mois d'octobre et même en novembre, est un pur délice. Il croît en troupes isolées dans les bois mixtes ou de conifères en compagnie de deux essences d'arbres en particulier : le sapin baumier et le peuplier. On les retrouve aussi sous les pins.

Les principales caractéristiques du Tricholome équestre sont sa belle couleur jaune pâle, canari (qui est un de ses surnoms), avec une belle couleur brun rouge au centre du chapeau. Il a le défaut d'être difficile à nettoyer parce que les débris de feuilles sont souvent collés à la peau du chapeau. L'odeur du Tricholome équestre est agréable; sa chair est blanche, teintée de jaune sous la peau. Le pied est plein, jaune, fibreux, mais assez tendre, blanc à l'intérieur.

En France, on lui donnait jadis le nom de Chevalier parce que les seigneurs se le réservaient et laissaient les autres champignons aux manants*. *Source : *Flore des champignons au Québec et régions limitrophes,* La Presse, René Pomerleau, p. 294.

CHAMPIGNONS À LAMELLES DIFFICILES À IDENTIFIER

Ici, deux sortes de Tricholomes qui ne sont pas du Tricholome équestre. En haut, le Tricholome de Davis. En bas, Tricholome non identifié.

CHAMPIGNONS À LAMELLES DIFFICILES À IDENTIFIER

DESCRIPTION TECHNIQUE DU TRICHOLOME ÉQUESTRE

HABITAT : isolé ou plus ou moins grégaire dans les forêts de conifères ou mixtes, souvent sous les pins, les sapins baumiers et les bouleaux. Assez tard l'automne, souvent après les premières gelées.

HAUTEUR : 5 à 10 cm.

CHAPEAU : 5 à 12 cm, convexe devenant étalé à marge enroulée au début, puis droite et ondulée à la fin, parfois fendue, jaune brillant, avec au centre, un disque brun rougeâtre, visqueux par temps humide.

LAMELLES : jaune citron, sinuées, larges et serrées.

PIED : 3 à 6 cm, jaune pâle avec des zones plus foncées à la base.

CHAIR : épaisse au centre, ferme, blanche, teintée de jaune sous la cuticule, à faible odeur de farine et à saveur douce et agréable.

SPORÉE : blanche.

TRÈS BON COMESTIBLE

CHAMPIGNONS À LAMELLES DIFFICILES À IDENTIFIER

LES CLITOCYBES

Clitocybe à pied renflé. Cause un empoisonnement de type coprinien si consommé avec de l'alcool (voir p. 43-44).

CLITOCYBE : (du grec *klitus* = pentu et *kubè*= tête). À chapeau pentu parce que le chapeau est souvent creusé en entonnoir.

Les Clitocybes sont des champignons à sporée blanche, à pied charnu ou fibreux, dépourvu de volve et d'anneau, et dont les lamelles sont décurrentes.

CHAMPIGNONS À LAMELLES DIFFICILES À IDENTIFIER

DESCRIPTION TECHNIQUE DU CLITOCYBE À PIED RENFLÉ (*CLITOCYBE CLAVIPES*)

HABITAT : grégaire, sur les tapis d'aiguilles. Commun.

CHAPEAU : 2 à 9 cm de diamètre, convexe puis étalé, parfois légèrement mamelonné, épais au centre, brun grisâtre, plus foncé au centre, marge enroulée, finalement étalée.

LAMELLES : décurrentes, étroites, serrées, inégales, souvent fourchues, blanches ou crème.

PIED : 3 à 7 cm, rétréci vers le haut, large à la base, plein, flasque, concolore au chapeau ou plus pâle.

CHAIR : épaisse au centre, spongieuse et gorgée d'eau.

SPORÉE : blanche

COMESTIBLE SANS SAVEUR

CHAMPIGNONS À LAMELLES DIFFICILES À IDENTIFIER

CLITOCYBE ORANGÉ *(HYGROPHOROPSIS AURANTIACA)*

C'est un champignon commun de nos forêts que l'on peut facilement confondre avec une Chanterelle à cause de sa couleur orangé et de sa forme en entonnoir.

Cependant, les Clitocybes ont clairement des lamelles et non des plis. De plus, contrairement aux Chanterelles qui sont des espèces terricoles, le Clitocybe orangé pousse sur le bois pourri de conifères ou de feuillus.

Cette confusion est sans conséquences graves, puisque le Clitocybe orangé n'est pas toxique. Il ne possède cependant aucun des atouts gastronomiques de la Chanterelle.

CHAMPIGNONS À LAMELLES DIFFICILES À IDENTIFIER

DESCRIPTION TECHNIQUE DU CLITOCYBE ORANGÉ

HABITAT : commun, il croît sur les souches, les bois pourris et le sol, dans les bois de conifères ou d'arbres feuillus. D'août à novembre.

HAUTEUR : 3 à 12 cm.

CHAPEAU : 5 à 10 cm, convexe puis étalé, déprimé à la fin, finement velouté, jaune orangé, jaune safran, parfois presque brunâtre au centre.

MARGE : enroulée au début.

CHAIR : assez épaisse, molle ou spongieuse, orangée pâle ou jaunâtre. Son parfum est presque nul et sa saveur un peu âcre.

LAMELLES : moyennement décurrentes, arquées, étroites et serrées, fourchues et orangées.

PIED : égal, parfois un peu élargi vers la base, brun orangé.

SPORÉE : blanc crème.

COMESTIBLE MÉDIOCRE

CHAMPIGNONS À LAMELLES DIFFICILES À IDENTIFIER

LES ARMILLAIRES

Des Armillaires couleur de miel dans toute leur splendeur!

CHAMPIGNONS À LAMELLES DIFFICILES À IDENTIFIER

ARMILLAIRE : du latin *armilla*, qui veut dire *bracelet*.

Les Armillaires possèdent tous un anneau membraneux qui a la caractéristique d'être ascendant sur le pied. Contrairement aux Amanites, les Armillaires sont homogènes, c'est-à-dire que la chair de leur pied et la chair du chapeau ne font qu'une.

Anneau double de l'Armillaire couleur de miel

Anneau inversé de l'Armillaire ventru

ARMILLAIRE COULEUR DE MIEL *(ARMILLARIA MELLEA)*

L'Armillaire couleur de miel est une espèce de champignon qui varie beaucoup en forme et en couleur. En fait, il existerait plusieurs sous-espèces. Il est considéré comme une espèce collective, c'est-à-dire plusieurs espèces très proches génétiquement, mais qui peuvent varier en couleur, en ornementation et en grosseur.

Ces traits de caractère variables peuvent rendre l'identification difficile pour le néophyte. Un peu d'expérience est indispensable pour bien identifier cette espèce, qui possède néanmoins certains caractères fixes.

CHAMPIGNONS À LAMELLES DIFFICILES À IDENTIFIER

Armillaires couleur de miel

CHAMPIGNONS À LAMELLES DIFFICILES À IDENTIFIER

ARMILLAIRE COULEUR DE MIEL *(ARMILLARIA MELLEA)*

Son nom « couleur de miel » vient du fait que parfois les touffes de champignons sont saupoudrées de jaune, couleur de miel.

Les Italiens le connaissent bien, ils l'appellent *Chiodino*, qui veux dire *petits clous*. C'est un comestible acceptable, surtout lorsqu'il est jeune et que les chapeaux sont encore fermés. On le consomme souvent en marinade. (Voir au chapitre des recettes.)

ATTENTION : ce champignon peut provoquer des réactions allergiques chez certaines personnes et il est très indigeste s'il est cru ou mal cuit. Il importe de bien le faire cuire. Calculez 4-5 minutes de cuisson dans l'eau bouillante, ou le même temps sauté à la poêle, à feu moyen.

Anneau bien caractéristique de l'Armillaire couleur de miel

CHAMPIGNONS À LAMELLES DIFFICILES À IDENTIFIER

DESCRIPTION TECHNIQUE DE L'ARMILLAIRE COULEUR DE MIEL

HABITAT : l'Armillaire couleur de miel pousse sur le bois mort ou vivant, les souches et les racines enfouies, sans discrimination d'espèces, feuillus ou conifères. C'est un puissant parasite qui cause une carie parfois grave qui peut entraîner la mort de l'arbre. Il forme de grosses touffes denses, très distinctives à la base des arbres ou dans les blessures. S'il semble pousser au sol, c'est parce qu'il parasite les racines de l'arbre ou qu'il y a du bois mort dessous.

HAUTEUR : 5 à 10 cm.

CHAPEAU : 4 à 15 cm de diamètre, globuleux ou conique, puis étalé, orné d'écailles ou de mèches dressées, brunes, surtout au centre. La marge est incurvée au début, puis étalée, striée et ondulée.

CHAIR : épaisse au centre du chapeau, ferme chez les jeunes exemplaires, puis molle. Odeur particulière, difficile à décrire (je dirais de térébenthine), mais une fois reconnue, elle est un critère important pour identifier cette espèce.

LAMELLES : adnées, légèrement à moyennement serrées, décurrentes, typiquement prolongées par des lignes descendant le long du pied jusqu'à l'anneau; blanchâtres, souvent tachées de roux à la fin.

CHAMPIGNONS À LAMELLES DIFFICILES À IDENTIFIER

PIED : égal ou renflé à la base, farci puis creux, orné d'un anneau membraneux, parfois cotonneux, assez ample et inversé, strié au-dessus.

MYCÉLIUM : se trouve généralement entre l'arbre et l'écorce où il forme de larges lacets noirs, exclusifs à l'Armillaire couleur de miel, ce qui peut être un critère pour confirmer l'identification.

SPORÉE : blanche. Important parce que plusieurs autres espèces lui ressemblant, dont certaines sont toxiques, et qui poussent en touffes sur les arbres, ont une sporée foncée, noirâtre, brune ou rouille.

COMESTIBLE LORSQU'IL EST BIEN CUIT.

TABLEAU COMPARATIF DES CHAMPIGNONS POUVANT ÊTRE CONFONDUS AVEC L'ARMILLAIRE COULEUR DE MIEL

GALÉRINE AUTOMNALE (voir p. 94-95)	sporée brun rouille	octobre-novembre
PHOLIOTE CHANGEANTE/ SQUARREUSE/ DORÉE (voir p. 168-169)	sporée brun rouille	septembre-octobre
HYPHOLOME EN TOUFFE	sporée brun violacé	du printemps à l'automne
HYPHOLOME COULEUR DE BRIQUE (voir p. 170-171)	SPORÉE brun violacé	septembre-octobre
ARMILLAIRE COULEUR DE MIEL (voir p. 160-165)	sporée blanche	septembre-octobre

CHAMPIGNONS À LAMELLES DIFFICILES À IDENTIFIER

	MORTELLE
	COMESTIBLE
	TOXIQUE
	COMESTIBLE
	COMESTIBLE

CHAMPIGNONS À LAMELLES DIFFICILES À IDENTIFIER

Pholiotes dorées, spécimens âgés

Pholiotes dorées, spécimens jeunes

CHAMPIGNONS À LAMELLES DIFFICILES À IDENTIFIER

CHAMPIGNONS POUVANT ÊTRE CONFONDUS AVEC L'ARMILLAIRE COULEUR DE MIEL

PHOLIOTE CHANGEANTE *(P. MUTABILIS)*
PHOLIOTE SQUARREUSE *(P. SQUARROSA)*
PHOLIOTE DORÉE *(P. AURIVELLA)*

Pholiotes squarreuses

Le terme «Pholiote» est tiré du grec *pholis* signifiant «écaille».

Les Pholiotes poussent aussi sur les arbres, mais, contrairement à la sporée de l'Armillaire couleur de miel, la sporée des Pholiotes est brune ou brun rouille.

Certaines sont comestibles tandis que d'autres sont de comestibilité inconnue ou encore causent des troubles gastro-intestinaux. De plus, elles peuvent être confondues avec des espèces toxiques. Mieux vaut s'abstenir de consommer ces beaux champignons.

CHAMPIGNONS À LAMELLES DIFFICILES À IDENTIFIER

CHAMPIGNONS À LAMELLES DIFFICILES À IDENTIFIER

CHAMPIGNONS POUVANT ÊTRE CONFONDUS AVEC L'ARMILLAIRE COULEUR DE MIEL

DESCRIPTION TECHNIQUE DE L'HYPOLOME COULEUR DE BRIQUE

HABITAT : commun, il croît en touffes sur les souches et les racines enfouies, ainsi que sur les arbres morts.

HAUTEUR : 5 à 11 cm.

CHAPEAU : 2 à 10 cm de diamètre, hémisphérique, puis convexe étalé, viscidule puis sec, rouge briqueté vers le centre, plus pâle ou fauvâtre au pourtour, puis rouge cannelle, à marge incurvée puis étalée.

LAMELLES : adnées arrondies, plutôt larges près du pied, puis détachées, jaunâtres, ensuite gris olivâtre, puis gris violacé à maturité, inégales et assez serrées.

CHAIR : épaisse, brun pâle ou fauvâtre, jaunâtre au froissement, odeur faible et à saveur un peu amère.

SPORÉE : brune violacée foncée.

COMESTIBLE

Hypolomes couleur de brique. Poussent en touffes, le centre du chapeau est d'un beau rouge brique. Les lamelles sont jaunâtres au début, devenant rapidement grisâtres, puis gris violacé.

CHAMPIGNONS À LAMELLES DIFFICILES À IDENTIFIER

LES AMANITES

De *Amanos*, montagne entre la Cilicie et la Syrie.

Les Amanites sont des champignons terricoles et symbiotiques, dont la chair du pied est différente de la chair du chapeau, qui ont habituellement un voile, une volve et une sporée blanche. Plusieurs Amanites sont mortelles et toxiques.

AMANITE VAGINÉE *(AMANITOPSIS VAGINATA)*

Juste le nom Amanite a de quoi faire frémir les plus audacieux, mais cette jolie petite Amanite est assez facile à identifier. C'est un champignon comestible appréciable.

On la cueille volontiers, en retirant la volve qui est pleine de terre. On la cuisine simplement sautée avec un peu d'huile d'olive ou une noisette de beurre, en accompagnement à une viande. Ne pas consommer crue.

CHAMPIGNONS À LAMELLES DIFFICILES À IDENTIFIER

DESCRIPTION TECHNIQUE DE L'AMANITE VAGINÉE

HABITAT : commune dans nos bois en été et à l'automne, dans les forêts de conifères et mixtes.

HAUTEUR : 8 à 20 cm.

CHAPEAU : délicate et élégante, l'Amanite mesure à maturité environ 15 cm de haut et son chapeau dépasse rarement 7 cm de diamètre. Son chapeau est brun fauve et mamelonné et la marge est nettement striée.

PIED : élancé, plus mince vers le haut, muni à la base d'une volve élastique et ample, engainante. Contrairement aux autres spécimens d'Amanites, elle ne possède pas de voile qui orne le pied.

SPORÉE : blanche.

COMESTIBLE

CHAMPIGNONS À LAMELLES DIFFICILES À IDENTIFIER

MARASMES

Du grec *Marasmos*, *«dessèchement»*. Les Marasmes sont de petits champignons qui se dessèchent rapidement, mais aussi qui se réhydratent par temps humide et continuent à disperser leurs spores.

CHAMPIGNONS À LAMELLES DIFFICILES À IDENTIFIER

MARASME DES ORÉADES *(MARASMIUS OREADES)*

Le Marasme d'Oréades pourrait facilement faire partie des PCB (**p**etits **c**hampignons **b**runs difficiles à identifier), si ce n'était de sa saveur exceptionnelle, de son parfum exquis de noisette ainsi que de son abondance malgré sa petite taille.

Il faut être certain de savoir reconnaître ce champignon avant de le consommer, notamment en le distinguant des autres petites espèces qui ne sont pas des Marasmes et qui poussent dans les mêmes milieux.

Un ami, qui cueillait des Marasmes avec moi, a eu l'idée d'aller cueillir ces mêmes champignons seul, dans les talles où je l'avais conduit précédemment. Il vient me voir avec sa cueillette, tout fier, et il m'en donne la moitié.

Lorsque je nettoie les champignons, quelques heures plus tard, je remarque parmi les spécimens cueillis des petits champignons bruns qui ne sont pas des Marasmes. Je lui ai téléphoné immédiatement pour l'avertir. Il a eu vraiment peur et a jeté sa cueillette.

Je n'ose penser ce qui serait arrivé s'il ne m'avait pas donné la moitié de sa récolte et qu'il avait mangé les champignons! De plus, de son point de vue à lui, il aurait dit que les Marasmes d'Oréades l'ont empoisonné puisque c'est ce qu'il croyait avoir cueilli.

Le Marasme d'Oréades pousse en *ronds de sorcières* sur les gazons et dans les champs. Il ne pousse jamais dans les bois ou les sous-bois.

CHAMPIGNONS À LAMELLES DIFFICILES À IDENTIFIER

Les *ronds de sorcières* sont des phénomènes assez fréquents chez les champignons, mais ils sont plus apparents chez les espèces qui poussent à découvert; dans les bois, il est plus difficile de voir les ronds.

Ce phénomène est dû simplement au fait que le mycélium se développe de manière à toujours aller chercher sa nourriture un peu plus loin, à partir du point de départ. Comme la nourriture est épuisée derrière lui, il va toujours plus vers l'avant, en dessinant un cercle, parfois des sections de cercles. Si le gazon semble plus vert près des Marasmes, c'est que ces derniers produisent de l'azote, qui engraisse le gazon.

Comme cet excellent comestible pousse sur les gazons, il importe que la pelouse ne soit pas arrosée de pesticides; les champignons pourraient alors absorber des matières toxiques qu'il serait dangereux de consommer.

Méfiez-vous des beaux gazons verts parfaits sans aucune mauvaise herbe et, encore plus, des terrains de golfs et leurs alentours.

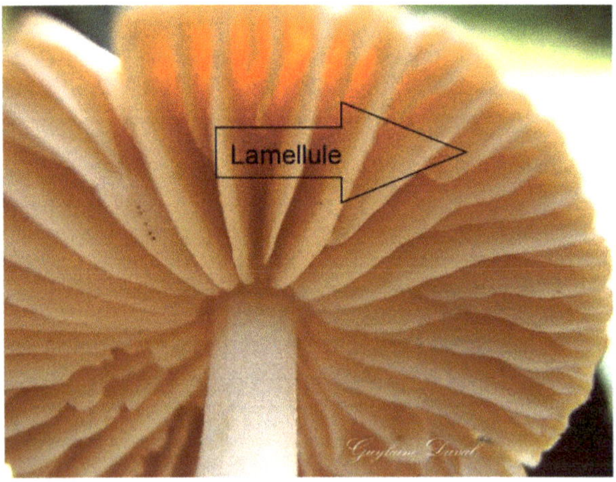

CHAMPIGNONS À LAMELLES DIFFICILES À IDENTIFIER

DESCRIPTION TECHNIQUE DU MARASME D'ORÉADES

HABITAT : grégaire en arc ou en cercle, au sol sur les gazons, dans les pâturages, les prés, le long des chemins en été et en automne.

HAUTEUR : champignon de petite taille, de 1 à 5 cm de diamètre et ne dépassant pas 8 cm de haut.

CHAPEAU : convexe, mamelonné, tan pâle à chamois. Lamelles tan pâle, adnexées (un peu adnées, presque libres), ventrues, larges et assez espacées.

PIED : résistant et fibreux. (On ne mange que les chapeaux).

SPORÉE : blanche.

GOÛT : Il a un parfum prononcé de noisette et une saveur douce et agréable.

COMESTIBLE

Page précédente :

Les lamelles, ventrues, espacées, munies de lamellules, le pied très fibreux, voire coriace, et surtout le parfum de noisette sont les principales caractéristiques du Marasme d'Oréades.

CHAMPIGNONS À LAMELLES DIFFICILES À IDENTIFIER

LE TRIO BLANC : LÉPIOTE LISSE – LÉPIOTE ÉLEVÉE – AGARIC CHAMPÊTRE

Ces trois champignons sont de délicieux comestibles. Le problème est qu'ils sont blancs, à lamelles et qu'ils ressemblent tous à l'Amanite vireuse *(Amanita virosa)*, avec laquelle on les confond souvent.

L'erreur peut être grave, voire fatale. Pourtant, lorsque l'on connaît bien l'Amanite vireuse, les lieux où elle pousse et sa blancheur exceptionnelle, il est impossible de la confondre avec l'Agaric ou la Lépiote.

C'est une question de connaissance technique et d'expérience. Au début, contentez-vous de lire et de relire les descriptions, de bien observer l'Amanite vireuse dans son milieu pour mieux la connaître. Faites de même avec les Lépiotes et les Agarics.

CHAMPIGNONS À LAMELLES DIFFICILES À IDENTIFIER

LE TRIO BLANC : LÉPIOTE LISSE– LÉPIOTE ÉLEVÉE – AGARIC CHAMPÊTRE

Lorsque vous connaîtrez bien vos champignons et que vous serez certains de ne plus les confondre, vous pourrez essayer de consommer un Agaric ou une Lépiote. Pour ma part, j'ai pris plusieurs années avant d'oser goûter à la Lépiote lisse que je trouvais en abondance. N'oubliez pas que la plupart des intoxications sont dues à l'insouciance et à l'ignorance.

Lépiote lisse. Attention de ne pas la confondre avec les Amanites blanches mortelles.

CHAMPIGNONS À LAMELLES DIFFICILES À IDENTIFIER

LÉPIOTE LISSE *(LEPIOTA NAUCINA)*

La Lépiote lisse est celle qui ressemble le plus à l'Amanite vireuse puisqu'elle est à peu près de la même taille, de la même couleur, et que les deux ont une sporée blanche. Cependant, l'Amanite à un voile et une volve, tandis que la Lépiote a un anneau et pas de volve. Toutefois, ces critères ne sont pas toujours évidents pour le débutant.

L'Amanite vireuse pousse principalement dans les bois, tandis que la Lépiote lisse pousse dans les lieux dégagés, sur les parterres, dans les pâturages. Elle est beaucoup plus commune que la Lépiote élevée. C'est vraiment un excellent comestible que je suggère seulement aux mycologues avertis comptant plusieurs années d'expérience.

CHAMPIGNONS À LAMELLES DIFFICILES À IDENTIFIER

DESCRIPTION TECHNIQUE DE LA LÉPIOTE LISSE

HABITAT : abondante certaines années, elle croît sur les parterres, parcs, prés, pâturages. Septembre à novembre.

CHAPEAU : 4 à 12 cm, globuleux ou ovale, puis convexe étalé, mamelonné ou déprimé, lisse, blanc, teinté de grisâtre ou brunâtre à la fin.

MARGE : débordante et fibrilleuse.

CHAIR : épaisse et ferme, blanche, un peu jaunissante, au parfum agréable.

LAMELLES : libres et serrées, blanches ou ivoire au début, bientôt rosées, finement floconneuses à l'arête.

PIED : aminci vers le haut, élargi et un peu bulbeux à la base, creux, articulé, facilement détachable du chapeau, muni d'un anneau membraneux, mince, étroit, devenant mobile.

SPORÉE : blanche.

EXCELLENT COMESTIBLE

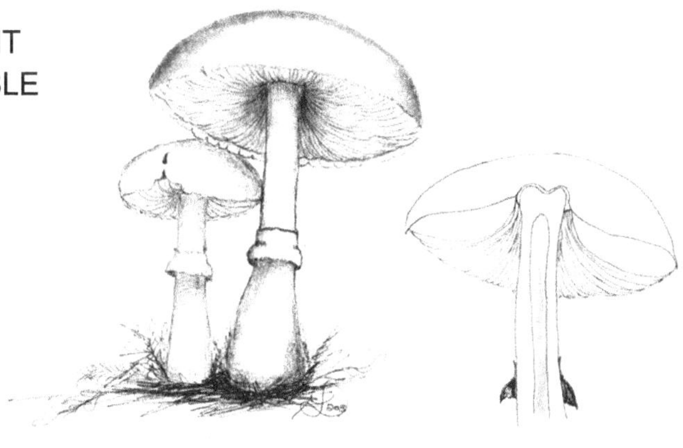

CHAMPIGNONS À LAMELLES DIFFICILES À IDENTIFIER

La Lépiote élevée est un champignon imposant par sa grandeur. Comestible, il importe de ne pas la confondre avec des espèces toxiques.

CHAMPIGNONS À LAMELLES DIFFICILES À IDENTIFIER

LÉPIOTE ÉLEVÉE *(LEPIOTA PROCERA)*

La Lépiote élevée est relativement facile à identifier, car c'est un grand champignon très haut sur pied, avec un anneau ample et mobile, affichant un grand chapeau en parasol, couvert d'écailles pelucheuses brunes, disposées en cercles concentriques. La sporée est blanche.

Elle pousse dans les clairières, les pâturages, parmi les buissons, dans les vergers, le long des haies, isolée ou en troupes éparses, en été ou en automne. Elle est assez rare au Québec, mais on peut parfois en trouver de belles talles, ce qui ne m'est malheureusement jamais arrivé.

Un de mes amis qui revenait en voiture d'une cueillette de champignons aperçoit une superbe talle de Lépiote élevée sur un terrain privé. Il y en avait bien cinquante. Poli, il va frapper à la porte et demande à la dame s'il pouvait cueillir ces champignons que personne ne semblait toucher. La dame a refusé, alléguant que ces champignons étaient dangereux. Il est reparti penaud, résistant à l'envie d'en piquer quelques-uns quand même!

Malgré ses caractéristiques évidentes, la Lépiote élevée est à l'origine d'une grave erreur de jugement en septembre 2002. Un homme de 61 ans qui en était à ses premières cueillettes prit une Amanite vireuse pour une Lépiote élevée, en mangea et mourut.

CHAMPIGNONS À LAMELLES DIFFICILES À IDENTIFIER

Lépiotes élevées

CHAMPIGNONS À LAMELLES DIFFICILES À IDENTIFIER

DESCRIPTION TECHNIQUE DE LA LÉPIOTE ÉLEVÉE

HABITAT : assez rare, elle croît à l'orée des bois, dans les clairières, parmi les buissons, dans les prés ou les pâturages, les haies, isolée ou en troupes éparses.
Été- automne.

HAUTEUR : 8 à 20 cm.

CHAPEAU : 8 à 20 cm de diamètre, ovoïde, convexe, campanulé, étalé-mamelonné, lisse et brun au début, à surface bientôt éclatée en de nombreuses écailles fibrilleuses, brunes, disposées en cercles concentriques sur fond blanchâtre.

CHAIR : assez épaisse au centre, mais mince à la marge, blanche, rosâtre à la fin, à odeur et à saveur agréables.

LAMELLES : libres et séparées du pied par une dépression, obtuses au pourtour, serrées, inégales, floconneuses à l'arête, blanches, rosâtres ou brunâtres à la fin.

PIED : long, égal, bulbeux à la base, creux, tenace, muni d'un anneau double mobile, frangé.

SPORÉE : blanche.

COMESTIBLE

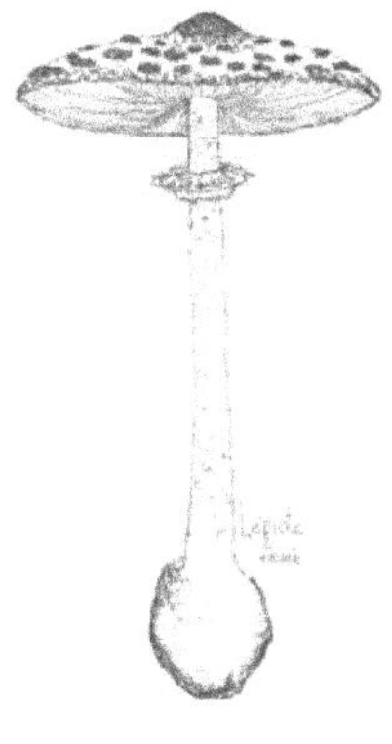

CHAMPIGNONS À LAMELLES DIFFICILES À IDENTIFIER

Lamelles de l'Agaric champêtre qui commencent à mûrir. À ce stade, elles sont roses, d'où son nom de Rosé-des-prés.

CHAMPIGNONS À LAMELLES DIFFICILES À IDENTIFIER

AGARIC CHAMPÊTRE *(AGARICUS CAMPESTRIS)*

L'Agaric champêtre est le petit cousin de notre champignon de supermarché. C'est un proche parent que l'on a décidé un jour de cultiver. Il pousse naturellement dans le fumier, sur les gazons bien engraissés, dans les prés.

Au début, il forme des petits boutons blancs et, à mesure qu'il gagne en maturité, ses lamelles deviennent rosées, d'où son nom de « Rosé-des-prés ». Enfin, les lamelles deviennent brun pourpré foncé, de plus en plus molles et tachant de noir. À ce stade, impossible de le confondre avec l'Amanite dont les lamelles sont blanches du début à la fin du cycle. De plus, les Amanites mortelles croissent strictement en forêt.

Le Rosé-des-prés est un champignon que l'on consomme avant que les lamelles commencent à noircir. Notez que les variétés vendues dans les supermarchés sont modifiées de manière à ne plus produire de spores pour deux raisons : d'abord parce que les producteurs ne veulent pas se faire voler leur « lignée » et, ensuite, pour que les champignons gardent leur forme coquette au magasin.

Si vous trouvez ce beau champignon à l'état sauvage et que vous en rapportez quelques exemplaires à la maison, vous remarquerez qu'après quelques heures ils ont continué à mûrir, et les spores noires forment une masse visqueuse noirâtre impropre à la consommation. Les Rosés-des-prés sauvages sont nettement plus savoureux que ceux des supermarchés.

CHAMPIGNONS À LAMELLES DIFFICILES À IDENTIFIER

Lamelles d'Agaric champêtre à différents stades de maturité

L'Agaric champêtre pousse dans les gazons, le long des routes.

CHAMPIGNONS À LAMELLES DIFFICILES À IDENTIFIER

DESCRIPTION TECHNIQUE DE L'AGARIC CHAMPÊTRE

HABITAT : les prés, les champs et l'herbe le long des routes. En été et en automne.

HAUTEUR : 4 à 8 cm.

CHAPEAU : 3 à 10 cm, rond et tronqué au sommet, convexe puis plus ou moins étalé, épais, à marge longtemps enroulée puis droite, blanc soyeux moucheté d'écailles brunes.

CHAIR : épaisse, blanche, rosée sous la cuticule ou rosâtre à la cassure, à odeur et saveur douces et agréables.

LAMELLES : libres, avec lamellules, blanches au début, puis rose vif, et brun pourpré et foncé à la fin.

PIED : court, égal plein au début, puis farci et creux à la fin, muni d'un anneau membraneux, simple, à rebord frangé. L'anneau est souvent fugace.

SPORÉE : brun pourpré.

EXCELLENT COMESTIBLE

CHAMPIGNONS À LAMELLES DIFFICILES À IDENTIFIER

CHAMPIGNONS À LAMELLES DIFFICILES À IDENTIFIER

LES CORTINAIRES

Il existe beaucoup de Cortinaires au Québec. La Flore des champignons au Québec en décrit quelque 73 espèces et admet qu'il y en a plusieurs qui ne sont pas répertoriées et probablement certaines qui sont encore inconnues.

« *En 1959, le grand mycologue A.H. Smith reconnaissait plus de 1000 entités distinctes dans ce genre et ses collaborateurs estiment maintenant à pas moins de 1500 le nombre croissant sur ce continent.* » (Flore des champignons au Québec, René Pomerleau, p. 378).

À part certaines exceptions, peu de mycologues peuvent nommer la majorité des Cortinaires sur le terrain, ils entrent en grande partie dans la catégorie des P.C.B. La plupart des Cortinaires sont immangeables ou de comestibilité douteuse.

Il est important de noter que le Cortinaire semi-sanguin est dangereux. Il est cependant très beau, avec son chapeau jaune ocre et ses lamelles d'un beau rouge sanguin devenant cannelle, qui contrastent avec le chapeau. C'est un champignon d'assez petite taille, 4 à 6 cm, qu'on retrouve en été et en automne dans nos forêts de feuillus à mixtes, parfois dans la mousse, sous les pins.

CHAMPIGNONS À LAMELLES DIFFICILES À IDENTIFIER

DESCRIPTION GÉNÉRALE DES CORTINAIRES

Voile filamenteux appelé « cortine ». On observe la cortine plus facilement sur les jeunes spécimens.

Coupe transversale d'un jeune cortinaire

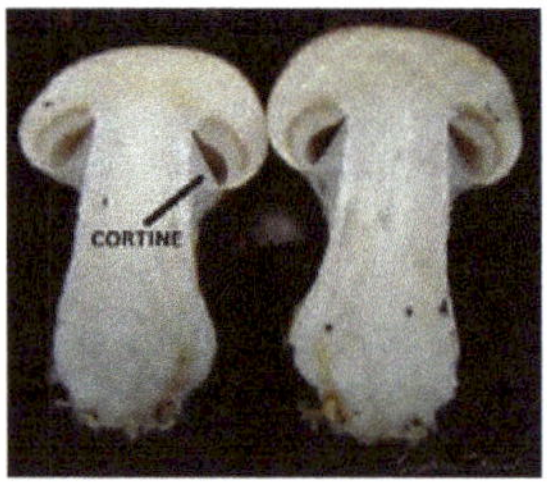

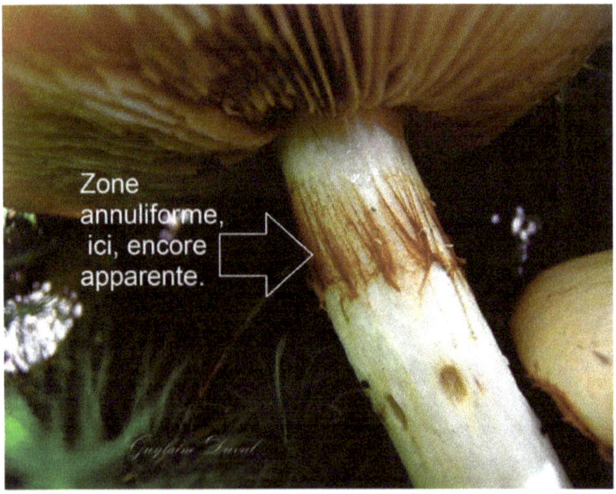

Lorsque les spécimens sont plus vieux, la cortine disparaît, elle laisse parfois une zone annuliforme autour du pied.

CHAMPIGNONS À LAMELLES DIFFICILES À IDENTIFIER

DIVERS CORTINAIRES

CORTINAIRE VIOLET

Certains Cortinaires ont de belles couleurs violacées.
On dit des Cortinaires que :
les meilleurs ne valent pas les pires.

Pomerleau décrit ce Cortinaire comme étant comestible. Nous y avons goûté. Sa saveur est extrêmement désagréable. Ceux qui y ont goûté se sont entendus pour décrire la saveur *comme un goût d'hôpital* tout en étant conscients que cette description de goût est étrange.

CORTINAIRE À BRACELETS

Comestible sans grande saveur au parfum plutôt désagréable, nommé ainsi à cause des bandes de couleur rouille qui ornent son pied.

CHAMPIGNONS À LAMELLES DIFFICILES À IDENTIFIER

CHAMPIGNONS À LAMELLES DIFFICILES À IDENTIFIER

DESCRIPTION TECHNIQUE DU CORTINAIRE À BRACELETS

HABITAT : très commun, il croît sur le sol dans les forêts de conifères surtout près des bouleaux. Août, septembre et octobre.

HAUTEUR : 8 à 17 cm.

CHAPEAU : 5 à 12 cm de diamètre, campanulé, puis convexe, un peu hygrophane et fibrilleux, parfois écailleux, fauve ocré, brun rougeâtre ou brique, à marge incurvée, puis étalée.

CHAIR : épaisse, molle, pâle, à odeur faible de terre, à saveur douce.

LAMELLES : adnées-uncinées, larges, espacées, crème, cannelle, puis brun rouille.

PIED : robuste, élargi en un bulbe allongé ou presque égal, plein, fibrilleux, blanchâtre ou brunâtre, orné de plusieurs bracelets ou zones rouge cinabre, à cortine fugace.

SPORÉE : rouille

GOÛT : terreux de vieilles pommes de terre.

COMESTIBLE

7. LES CHAMPIGNONS À TUBES

Polypores

Bolets

CHAMPIGNONS À TUBES

GÉNÉRALITÉS

Dans ce groupe, les tubes forment un genre d'éponge sous le chapeau. En fait, ce sont de petits tubes, regroupés les uns avec les autres, et c'est à l'intérieur de chacun de ces tubes que les spores sont fabriquées. Les champignons à tubes comprennent deux catégories : les Polypores et les Bolets.

Notez que le terme « Bolet » s'applique à tous les champignons à tubes dont la chair n'est pas dure comme du bois. Les Bolets comprennent donc les espèces des genres Suillus, Boletinus, Fuscoboletinus, Tylopilus, Gyroporus, Leccinum, etc.

Les Bolets poussent isolés ou en groupes, au sol. Certaines espèces poussent sur les vieilles souches. Leur chair est ferme et non coriace. Ils ont un cycle court : ils sortent, poussent, émettent leurs spores et se décomposent habituellement en quelques jours.

En règle générale, il n'y a pas de champignons mortels ou considérés comme toxiques dangereux parmi les champignons à tubes, mais cela ne veut pas dire que tous les Bolets sont comestibles; certains sont indigestes et d'autres immangeables. L'identification est toujours importante. Un empoisonnement n'est jamais agréable, même s'il n'est pas mortel ou sévère.

Il est très important de ne jamais manger de champignons sauvages crus, particulièrement les Bolets, dont la plupart, même les meilleurs, sont très indigestes lorsqu'ils sont consommés crus.

CHAMPIGNONS À TUBES

CRITÈRES D'IDENTIFICATION DES CHAMPIGNONS À TUBES

Comme les champignons à lamelles, les champignons à tubes ont des critères d'identification.

NOTEZ :

- La grosseur et la forme des pores : ils peuvent être ronds, fins, anguleux…
- L'épaisseur des tubes, qu'on voit lorsqu'on coupe le champignon en deux sur la longueur.
- La couleur qui peut changer avec l'âge du champignon et à mesure que les spores deviennent matures.
- Le mode d'attachement au pied. Les tubes peuvent être soudés au pied, libres, décurrents, etc.
- Les tubes peuvent adhérer au chapeau ou être facilement détachables.
- Les champignons à tubes font aussi une sporée.

Pores fins et ronds, tachant bleu au toucher

Pores larges et anguleux, rayonnants

CHAMPIGNONS À TUBES

DESCRIPTION DES CHAMPIGNONS À TUBES DONT IL FAUT SE MÉFIER

Le groupe des Bolets est un groupe intéressant parce qu'il n'inclut pas d'espèces mortelles. Cependant, il faut se méfier de quelques espèces, soit parce qu'elles sont médiocres au goût, soit parce qu'elles peuvent occasionner des troubles gastriques.

BOLET AMER *(TYLOPILUS FELLEUS)*

Méfiez-vous des Bolets à teinte rosée et qui poussent sur les souches. Si vous avez un doute, goûtez un petit morceau de la chair, mâchez un peu et recrachez. La saveur amère et acidulée vous convaincra que ce champignon porte bien son nom.

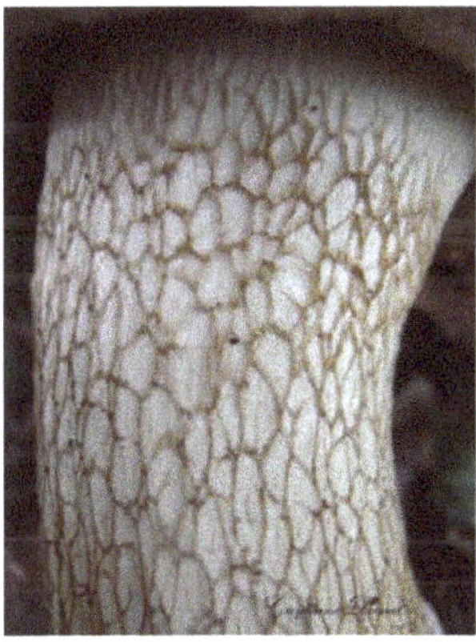

Pied réticulé, foncé sur fond plus pâle, du Bolet amer

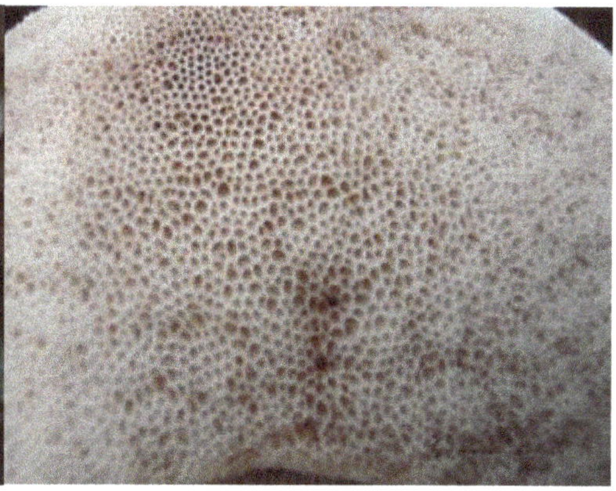

Tubes rosés du Bolet amer mature

CHAMPIGNONS À TUBES

Bolets amers poussant sur une vieille souche

Ce Bolet n'est pas toxique, mais il est tout simplement immangeable! À première vue, il ressemble au Bolet comestible *(B. edulis)*, avec lequel il est parfois confondu. Les conséquences ne sont pas trop graves.

Le pire qu'il peut vous arriver est de ruiner complètement votre repas et votre réputation, surtout si vous vous êtes vanté devant vos invités de leur faire découvrir un trésor forestier extraordinaire. Ils se souviendront longtemps de votre souper aux champignons sauvages! C'est pourquoi il est quand même important d'identifier vos Bolets avant de les consommer.

CHAMPIGNONS À TUBES

DESCRIPTION TECHNIQUE DU BOLET AMER

HABITAT : le Bolet amer est un beau champignon, de bonne taille, qui pousse dans les bois de feuillus ou mixtes, sur les vieilles souches pourries. Il est rare que des espèces de Bolets poussent sur du bois pourri et c'est une bonne façon de le distinguer du Bolet comestible. Juillet et août.

CHAPEAU : 7 à 14 cm, de forme hémisphérique et convexe, plat et étalé à la fin. Le chapeau est brun pâle à brun cannelle.

TUBES : adnés, puis profondément déprimés autour du pied, longs, aux pores ronds ou un peu anguleux, blanchâtres puis rosés ou carnés, virant brunâtres au froissement.

CHAIR : blanche, devenant un peu rosée à la cassure, assez épaisse. Saveur amère et désagréable. Odeur nulle.

PIED : parfois ventru ou presque égal, nettement et grossièrement réticulé de haut en bas, à mailles crème sur fond plus pâle.

SPORÉE : brun rosâtre.

IMMANGEABLE.
TRÈS AMER.

CHAMPIGNONS À TUBES

Bolets distingués à différents stades de croissance. En haut : pleine maturité.

CHAMPIGNONS À TUBES

BOLET DISTINGUÉ *(TYLOPILUS EXIMIUS)*

Certains auteurs le considèrent comme *bon comestible*, (Pomerleau), d'autres suggèrent de s'en méfier (Sicard et Lamoureux). Il provoquerait des troubles gastriques lorsque mangé cru ou s'il a été mal cuit. Même s'il semble appétissant, que sa chair est abondante et ferme, il vaut mieux s'abstenir de le consommer.

De toute façon, à la période de l'année où il pousse, soit à la fin de l'été et à l'automne, il y a beaucoup d'autres variétés à cueillir qui sont nettement plus savoureuses à déguster sans danger.

Il est assez facile de reconnaître ce Bolet auquel j'ai donné le surnom de « Bolet chocolat », car il semble saupoudré de cacao.

CHAMPIGNONS À TUBES

DESCRIPTION TECHNIQUE DU BOLET DISTINGUÉ

HABITAT : isolé sous les pruches, les épinettes ou les forêts mixtes. En juillet et août.

HAUTEUR : 5 à 8 cm.

CHAPEAU : sec, glabre, d'apparence feutrée, de couleur brun cacao.

CHAIR : épaisse, grisâtre ou blanche, un peu pourprée sous la cuticule et brun foncé autour des piqûres d'insectes. Il sent l'huile rance ou le bois pourri et il a une saveur un peu amère.

TUBES : adnés, puis déprimés autour du pied, brun chocolat, devenant plus foncés au froissement et en vieillissant, aux pores ronds et fins.

PIED : égal ou rétréci vers le haut, ou vers le bas, plein, orné de minuscules écailles brun pourpré ou brun grisâtre sur fond lilacin ou violacé.

SPORÉE : brunâtre ou vineuse.

IRRITANT
GASTRO-INTESTINAL
POUR CERTAINES
PERSONNES

CHAMPIGNONS À TUBES

DESCRIPTION TECHNIQUE DU BOLET POIVRÉ *(CHALCIPORUS PIPERATUS)*

Ce Bolet est comestible, mais seulement en condiment. En effet, la saveur fortement poivrée de sa chair empêche de le manger en trop grande quantité. Il peut être ajouté à un mets ou à une sauce.

HABITAT : isolé ou plus ou moins grégaire dans les forêts de conifères ou mixtes, sous les bouleaux et les épinettes. De mai à septembre.

CHAPEAU : dépassant rarement 5 cm, glabre, d'une belle couleur brun cannelle, cuivré.

CHAIR : assez épaisse et ferme, jaune très pâle, souvent tachée de rougeâtre sous la cuticule. Saveur très poivrée.

TUBES : rouille ou brun rougeâtre, cannelle, rouge brique vers la fin, ne changeant pas de couleur au froissement ou très peu. Pores concolores petits, anguleux,

PIED : 10 cm de haut, plein, égal ou un peu rétréci vers la base, concolore au chapeau.

SPORÉE : brun cannelle.

COMESTIBLE

Petit Bolet aux teintes rougeâtres, au goût très poivré et dont les tubes se détachent facilement du chapeau.

CHAMPIGNONS À TUBES

BOLET POMME DE PIN *(STROBILOMYCES FLOCCOPUS)*

Voici un des champignons les plus charmants de nos bois. Son nom latin, absolument exquis, signifie simplement *Bolet pomme de pin*.

On le surnomme aussi l*e vieil homme des bois*. Il est tout gris et barbu.

On rencontre cette espèce très occasionnellement dans les bois de feuillus et mixtes, en été et en automne. Il ne peut être confondu avec aucun autre.

CHAMPIGNONS À TUBES

DESCRIPTION TECHNIQUE DU BOLET POMME DE PIN

HABITAT : isolé dans les forêts de feuillus ou mixtes. En été et en automne.

HAUTEUR : 8 à 14 cm.

CHAPEAU : couvert de grosses écailles laineuses et débordantes, qui recouvrent aussi son pied.

TUBES : assez longs, adnés ou un peu décurrents, souvent un peu déprimés ou presque lamelles autour du pied, blanchâtres, grisâtres, puis noirâtres à maturité, aux pores larges, anguleux.

PIED : 5 à 12 cm, égal ou un peu épaissi vers la base, plein, orné d'un anneau persistant ou fugace, recouvert sur toute sa longueur d'une couche laineuse.

CHAIR : blanche, rougit et noircit à la coupe, odeur et saveur nulles.

SPORÉE : noirâtre

COMESTIBLE
PEU INTÉRESSANT
À CAUSE DE SA CHAIR
FIBREUSE ET CORIACE.

CHAMPIGNONS À TUBES

BOLET À PIED ROUGE (*BOLETUS ERYTHROPUS)*

Tous les Bolets à tubes rouges sont réputés indigestes. Si vous êtes fragile de l'estomac, abstenez-vous de les consommer.

Dans le cas du Bolet à pied rouge, le pied de ce champignon est assez ferme, presque coriace, ce qui le rend indigeste. Personnellement, je ne mange que les chapeaux frais. Les pieds sont séchés et réduits en poudre pour assaisonner les sauces.

REMARQUE : Le Bolet satan, réputé toxique et décrit dans les ouvrages européens, ne pousse pas au Québec et au nord-est de l'Amérique du Nord.

CHAMPIGNONS À TUBES

DESCRIPTION TECHNIQUE DU BOLET À PIED ROUGE

HABITAT : fréquent dans les forêts mixtes. De juillet à septembre.

HAUTEUR : 4 à 14 cm.

CHAPEAU : brun jaunâtre ou rougeâtre, jaune vif au pourtour.

CHAIR : épaisse et ferme, jaune soufre virant immédiatement au bleu à la cassure.

TUBES : déprimés autour du pied ou presque libres, longs, jaune vif, aux pores fins et ronds, de couleur rouge au pourtour.

PIED : plutôt égal, ferme, plein, jamais réticulé. La chair du pied est aussi jaune virant bleu au toucher ou à la cassure.

SPORÉE : brun olivâtre foncé.

COMESTIBLE,
MAIS REJETER LE PIED
QUI EST TRÈS CORIACE.

CHAMPIGNONS À TUBES

BOLET RUGUEUX *(LECCINUM SCABRUM)*

Le Bolet rugueux est comestible, son principal défaut est que sa chair est molle et peu intéressante pour la cuisson si on le consomme frais. Par contre, il peut entrer dans le mélange forestier puisqu' il dégage un parfum intéressant un fois séché.

CHAMPIGNONS À TUBES

DESCRIPTION TECHNIQUE DU BOLET RUGUEUX

HABITAT : il pousse communément dans les forêts d'arbres feuillus et mixtes, en été et en automne.

HAUTEUR : 7 à 13 cm.

CHAPEAU : convexe étalé, glabre, brun grisâtre.

CHAIR : blanche, ne change pas de couleur ou vire lentement brunâtre.

TUBES : profondément déprimés autour du pied, assez long, d'un blanc sale.

PIED : légèrement élargi vers la base, plein, orné de rugosités noirâtres. La chair du pied se tache de bleu pâle à la base.

SPORÉE : brun havane.

COMESTIBLE

CHAMPIGNONS À TUBES

LES BOLETS À RECHERCHER

Voici quelques Bolets vraiment délicieux qui sont assez faciles à identifier. Certains Bolets sont meilleurs frais, mais la plupart des Bolets prennent toute leur saveur une fois séchés, sauf s'ils sont vraiment jeunes et fermes. Les plus gros spécimens ont tendance à devenir mous et gluants à la cuisson.

REMARQUE : Certaines personnes préfèrent enlever les tubes pour les consommer. Enlever les tubes diminue la texture visqueuse qui apparaît à la cuisson. C'est une question de goût. Personnellement, je garde les tubes sur les champignons que je fais sécher, je les enlève sur les plus gros spécimens que je mange frais.

CHAMPIGNONS À TUBES

Les tubes plus foncés d'un spécimen plus âgé (gauche), à côté d'un cèpe dont les pores des tubes ne sont pas encore ouverts (droite).

BOLET COMESTIBLE *(BOLETUS EDULIS)*

Le Bolet comestible est parmi les champignons les plus recherchés par les mycologues amateurs. C'est l'équivalent du Cèpe européen, où il fait l'objet d'un commerce considérable à l'état frais ou séché.

Au Québec, on retrouve ce cèpe; mais, à mon avis, il n'a pas le même goût que les Cèpes d'Europe. Il n'en demeure pas moins un comestible de qualité, intéressant pour la table, avec une belle texture et un parfum agréable.

CHAMPIGNONS À TUBES

Bolets comestibles

CHAMPIGNONS À TUBES

DESCRIPTION TECHNIQUE DU BOLET COMESTIBLE

HABITAT : pousse dans les bois, mais aussi dans les sous-bois dégagés, souvent sous les sapins. Il côtoie l'Amanite tue-mouches (toxique) qui semble apprécier les mêmes milieux que les Cèpes et quelques autres Bolets. En été et en automne.

HAUTEUR : 12 à 20 cm.

CHAPEAU : ressemble à une belle croûte de pain brun doré ou brun foncé.

CHAIR : épaisse, ne change pas de couleur, contrairement à plusieurs autres Bolets dont la chair bleuit, noircit ou brunit au froissement ou à la cassure.

PIED : renflé, globuleux au début, puis presque égal, plein et ferme. Le haut du pied est finement réticulé, mais rarement de haut en bas, souvent juste une zone d'environ 2 cm sous le chapeau. Le réseau de mailles est très fin et de couleur beige sur un fond à peine plus foncé.

TUBES : blanc amande lorsque le champignon est tout jeune, deviennent jaunâtres, puis vert olivâtre à la fin.

SPORÉE : brun olivâtre.

EXCELLENT COMESTIBLE

CHAMPIGNONS À TUBES

TABLEAU COMPARATIF DU BOLET COMESTIBLE
ET DU BOLET AMER

Bolet comestible *(Boletus edulis)*	Bolet amer *(Tylopilus felleus)*

HABITAT : sur le sol. juillet- août	HABITAT : sur le bois pourri juillet- août
CHAPEAU : fait penser à la couleur de la croûte de pain	CHAPEAU : brun cannelle pâle
CHAIR : ne change pas de couleur	CHAIR : vire lentement au rose carné
PIED : réticulé seulement dans le haut du pied	PIED : réticulé de haut en bas

CHAMPIGNONS À TUBES

TABLEAU COMPARATIF DU BOLET COMESTIBLE ET DU BOLET AMER

Bolet comestible *(Boletus edulis)*	Bolet amer *(Tylopilus felleus)*

SPORÉE : brun olivâtre	SPORÉE : brun rosâtre
Délicieux comestible	Amer, immangeable, mais pas toxique
REMARQUE : le Bolet comestible est plus jaunâtre et souvent piqué par les vers	REMARQUE : généralement dans des tons plus rosés
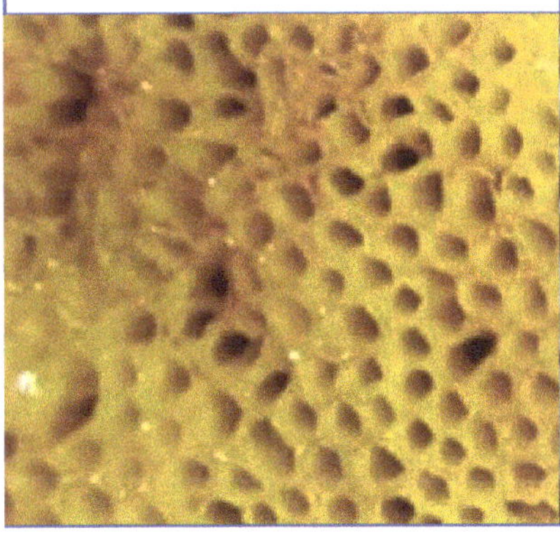	

CHAMPIGNONS À TUBES

Bolet orangé

Jeunes spécimens de Bolets orangés

BOLET ORANGÉ *(LECCINUM AURANTIACUM)*

La chair ferme, le chapeau brun orangé et la marge débordante sont les principales caractéristiques qui permettent d'identifier ce champignon. Il est vraiment intéressant pour le cueilleur; c'est un excellent comestible, frais ou séché.

REMARQUE : il existe plusieurs variétés de Bolets aux tons orangés qui se ressemblent. Ils se différencient par leurs milieux de croissance; ils sont tous comestibles et délicieux.

CHAMPIGNONS À TUBES

DESCRIPTION TECHNIQUE DU BOLET ORANGÉ

HABITAT : bouleau ou peuplier, bois mixte. De juillet à septembre.

HAUTEUR : 10 à 20 cm.

CHAPEAU : brun orangé, rouille, hémisphérique, glabre, lisse.

CHAIR : assez ferme, se tache de grisâtre ardoise à la cassure.

TUBES : blanchâtres ou crème, plus foncés vers la fin.

MARGE : sub-membraneuse, débordant de 2 à 4 cm sur le pied au début, puis appuyée sur les tubes.

PIED : orné de nombreuses rugosités brun noirâtre.

SPORÉE : brune.

COMESTIBLE

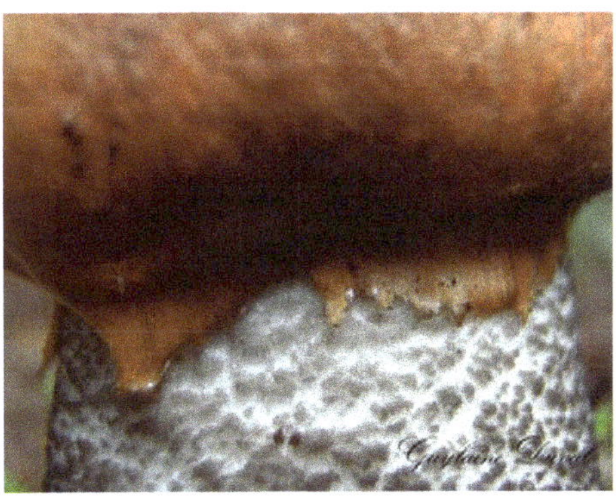

CHAMPIGNONS À TUBES

Bolets élégants

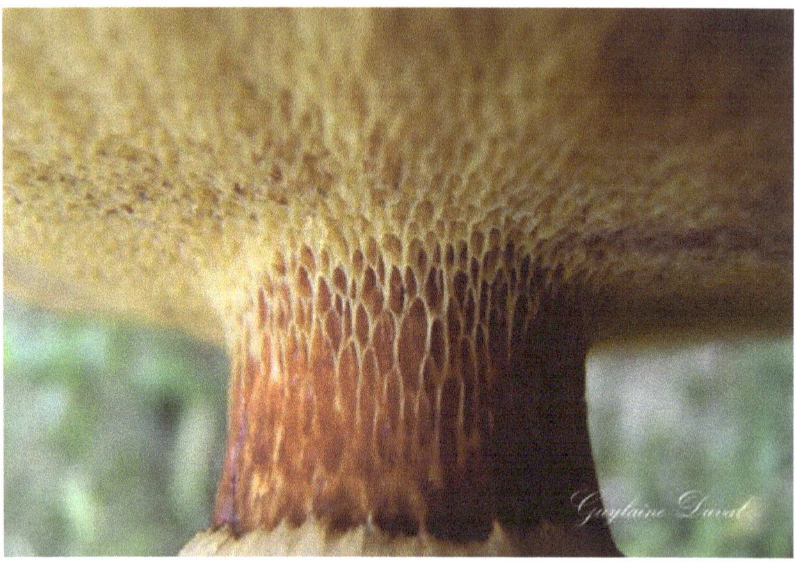

CHAMPIGNONS À TUBES

BOLET ÉLÉGANT *(SUILLUS GREVILLEI)*

La substance visqueuse sur le chapeau protège le champignon de la pluie et des insectes. Il est important de le cueillir proprement, sinon le nettoyage est très ardu une fois de retour à la maison. Tout colle à cette substance gluante.

Pour le nettoyer, retirez à l'aide d'un essuie-tout, (que vous changerez souvent) le plus de débris possible, généralement les aiguilles de mélèzes et des feuilles (ne passez pas sous l'eau, ils deviendront encore plus mous). Il n'est pas nécessaire de retirer toute la substance gluante, surtout pour le séchage, elle sèchera de toute façon.

Associé aux mélèzes, le Bolet élégant est aussi appelé Cèpe des mélèzes. Facile à identifier, on peut en faire des récoltes assez abondantes quand on sait où et quand le trouver.

CHAMPIGNONS À TUBES

DESCRIPTION TECHNIQUE DU BOLET ÉLÉGANT

HABITAT : dans les boisés de mélèzes. Septembre-octobre.

HAUTEUR : 5 à 12 cm.

CHAPEAU : jaune or, marron, presque toujours très visqueux, à moins que le temps ne soit très sec.

CHAIR : épaisse, molle, jaune paille, devenant brun rouge au toucher ou à la cassure.

TUBES : adnés et un peu décurrents, plutôt longs, jaune vif brunissant à maturité, aux pores petits.

PIED : égal ou élargi vers la base, plein, jaune ou brun, muni d'un anneau floconneux, blanc.

SPORÉE : brun ocré ou brun olivâtre.

COMESTIBLE

CHAMPIGNONS À TUBES

BOLET À PIED CREUX *(BOLETINUS CAVIPES)*

Le Bolet à pied creux est un champignon facile à reconnaître de par son association avec les mélèzes. Contrairement au Bolet élégant, son chapeau est sec et il est plus facile à nettoyer.

CHAMPIGNONS À TUBES

DESCRIPTION TECHNIQUE DU BOLET À PIED CREUX

HABITAT : grégaire sous les mélèzes, dans les forêts humides. En automne.

HAUTEUR : 4 à 10 cm.

CHAPEAU : conique, étalé mamelonné ou convexe, fibrilleux-écailleux ou squamuleux, pelucheux, parfois humide, jaune terne, brun rougeâtre ou brun rouille, à marge enroulée, appendiculée de débris du voile blanc, puis involutée.

CHAIR : ferme, blanchâtre, jaunâtre, immuable, rarement piquée, assez épaisse surtout au centre. Odeur et saveur nulles.

TUBES : décurrents, formant des alvéoles au sommet du pied, courts, aux pores grands, anguleux, composés et disposés en rangées rayonnantes, jaune soufre ou ocre olivâtre à la fin.

PIED : assez court, égal ou épaissi à la base ou au sommet. Creusé d'une grande cavité, laineux-écailleux, jaune au sommet, brun rougeâtre vers la base, pourvu d'un anneau blanc et fugace.

SPORÉE : brun olivâtre foncé.

COMESTIBLE

CHAMPIGNONS À TUBES

Le Bolet granulé est associé aux pins. On l'appelle aussi Bolet jaune des pins.

CHAMPIGNONS À TUBES

DESCRIPTION TECHNIQUE DU BOLET GRANULÉ

HABITAT : commun sur le sol, dans les pinèdes (pin blanc).

HAUTEUR : 5 à 10 cm.

CHAPEAU : cannelle pâle.

CHAIR : assez épaisse, tendre et blanchâtre, puis jaunâtre, ne change pas de couleur, saveur et odeur douces et agréables.

TUBES : adnés et légèrement décurrents, courts, aux pores fins et anguleux, chamois à jaune pâle, laissant parfois suinter des gouttelettes laiteuses.

PIED : plein, jaune pâle couvert de granules tan rosé sur la partie supérieure.

SPORÉE : brun ocré argileux ou cannelle rosâtre.

COMESTIBLE

Bolet granulé

CHAMPIGNONS À TUBES

Une belle récolte de Bolets bleuissants que l'on rencontre occasionnellement sur le bord des sentiers sablonneux en été.

CHAMPIGNONS À TUBES

BOLET BLEUISSANT *(GYROPORUS CYANESCENS)*

Ce Bolet, délicieux et malheureusement trop rare, ne se trouve qu'en petite quantité. On y goûte rarement seul puisqu'on le mélange toujours à d'autres champignons.

Sa couleur blanchâtre et sa texture veloutée sont les premiers indices que l'on remarque, mais sa caractéristique la plus frappante est qu'il bleuit rapidement aussitôt qu'on y touche ou qu'on le coupe.

Il bleuit d'un beau bleu d'encre d'écolier, cette couleur dont peuvent se souvenir ceux qui ont écrit à la plume fontaine dans leur jeune temps.

L'autre caractéristique est son pied; lorsqu'on coupe en deux un jeune champignon, on remarque la substance cotonneuse qui le remplit. Avec l'âge le pied devient caverneux et creux.

Coupe transversale d'un jeune Bolet bleuissant.

CHAMPIGNONS À TUBES

Bolets bleuissants

CHAMPIGNONS À TUBES

DESCRIPTION TECHNIQUE DU BOLET BLEUISSANT

HABITAT : feuillus ou mixtes, en bordure de forêt ou le long des sentiers. En juillet et août.

HAUTEUR : 5 à 12 cm.

CHAPEAU : convexe étalé, couleur paille ou gris jaunâtre, fibrilleux ou pelucheux, bleuissant instantanément au toucher.

TUBES : pores petits, blancs ou crème, bleuissant rapidement au toucher.

CHAIR : épaisse, ferme, cassante, blanchâtre, virant au bleu à la cassure.

PIED : ventru, farci, ensuite caverneux, fragile, concolore au chapeau.

SPORÉE : jaune pâle.

EXCELLENT COMESTIBLE

CHAMPIGNONS À TUBES

BOLET BAI *(BOLETUS BADIUS)*

Les tubes du Bolet bai virent bleus au toucher.

CHAMPIGNONS À TUBES

DESCRIPTION TECHNIQUE DU BOLET BAI

HABITAT : il est assez commun dans les bois de feuillus en été et en automne.

HAUTEUR : 5 à 12 cm.

CHAPEAU : 3 à 10 cm, convexe puis aplani, de couleur brun bai.

TUBES : jaune pâle au début, devenant olive en vieillissant. Les pores sont petits, fins et anguleux, devenant bleu pâle au toucher.

CHAIR : pâle, un peu rosé sous la cuticule, et devenant légèrement bleue si meurtrie ou coupée. Saveur et parfum agréables.

PIED : 4 à 10 cm, de la même couleur que le chapeau, souvent teinté de jaunâtre à la base.

SPORÉE : brun olive.

COMESTIBLE

CHAMPIGNONS À TUBES

Bolets à pied glabre (Boletus subglabripes)

CHAMPIGNONS À TUBES

DESCRIPTION TECHNIQUE DU BOLET À PIED GLABRE

HABITAT : fréquent, isolé ou en groupes sur le sol, dans les forêts de feuillus ou mixtes. En juillet et août.

HAUTEUR : 6 à 12 cm.

CHAPEAU : 4 à 10 cm, convexe étalé, glabre, sec, lisse ou lacuneux, marron ou jaune ocre, glabre.

MARGE : incurvée ou droite.

CHAIR : jaune pâle, citrine, ne change pas de couleur à la cassure. Odeur et saveur douces. Par contre, au séchage, le parfum devient très prononcé.

TUBES : fortement déprimés autour du pied, assez longs, aux pores petits et ronds, jaune citron ou jaune soufre.

PIED : plutôt égal, marqué de squamules parfois nombreuses, jaune vif, souvent taché de brun rougeâtre à la base.

SPORÉE : brun olivâtre.

COMESTIBLE

CHAMPIGNONS À TUBES

BOLET SÉDUISANT (BOLETUS SPECIOSUS)
C'est un champignon de forte taille, aux couleurs superbes; il est tout à fait séduisant.

CHAMPIGNONS À TUBES

DESCRIPTION TECHNIQUE DU BOLET SÉDUISANT

HABITAT : occasionnel, il croît sur le sol, isolé, dans les bois d'arbres feuillus, surtout aux mois de juillet et d'août.

HAUTEUR : 6 à 15 cm.

CHAPEAU : 8 à 15 cm, convexe, puis convexe étalé, parfois un peu déprimé, sec, glabre, rouge vif ou roux, roussâtre vinacé, parfois taché de jaune, à marge incurvée.

CHAIR : épaisse, ferme, jaune pâle, virant rapidement au bleu à la cassure, au parfum agréable.

TUBES : adnés et déprimés autour du pied, assez longs, aux pores fins, jaune vif, parfois rougeâtres à la bordure, bleuissant rapidement au froissement.

PIED : souvent ventru, parfois égal, plein et finement réticulé sur le haut du pied.

NOTE : On peut le confondre avec le Bolet à pied rouge, mais celui-ci à des tubes nettement rouges.

Le Bolet à pied rouge vire au bleu très foncé, devenant presque noir, tandis que Bolet séduisant vire au bleu pâle, ne devient jamais noir.

TRÈS BON COMESTIBLE

CHAMPIGNONS À TUBES

TABLEAU COMPARATIF DU BOLET À PIED ROUGE ET DU BOLET SÉDUISANT

BOLET À PIED ROUGE	BOLET SÉDUISANT
HABITAT : commun dans les forêts de feuillus ou mixtes	HABITAT : occasionnel dans les bois de feuillus
CHAPEAU : brun jaunâtre ou rougeâtre, jaune vif au pourtour, devenant brun marron	CHAPEAU : rouge vif ou roussâtre vinacé
TUBES : déprimés, jaune vif, aux pores fins, ronds, rouge orangé, virant instantanément bleu foncé au toucher	TUBES : adnés, déprimés, pores fins, jaune vif, parfois rougeâtres à la bordure, bleuissant rapidement au toucher

CHAMPIGNONS À TUBES

BOLET À PIED ROUGE	BOLET SÉDUISANT
CHAIR : virant rapidement au bleu foncé, presque noir à la cassure	CHAIR : épaisse, ferme, jaune pâle dans le chapeau et le pied, virant au bleu pâle à la cassure
PIED : jaune pâle vers le haut, rougeâtre vers la base, bleuissant au toucher, finement réticulé vers le sommet ou plus bas	PIED : jamais réticulé, couvert de touffes fines ou peluches rouge vif sur fond jaune orangé, pourvu à la base d'une touffe de poils bruns
SPORÉE : brun olivâtre sombre	SPORÉE : brun olivâtre
COMESTIBLE	COMESTIBLE

CHAMPIGNONS À TUBES

QUELQUES POLYPORES À RECHERCHER

POLYPORE SOUFRÉ *(POLYPORUS SULPHUREUS)*
p. 242

POLYPORE ÉCAILLEUX *(POLYPORUS SQUAMOSUS)*
p. 244

POLYPORE DES BREBIS *(POLYPORUS OVINUS)*
p. 246

CHAMPIGNONS À TUBES

LES POLYPORES

Les Polypores sont des champignons en forme de tablette arrondie et à chair généralement coriace, qui poussent sur les arbres qu'ils parasitent. Ils peuvent vivre plusieurs années, ajoutant une rangée de tubes à chaque nouvelle saison.

Les Polypores ne sont pas toxiques, mais ils sont immangeables surtout parce qu'ils sont trop coriaces pour être consommés. Il existe cependant quelques exceptions telles que le Polypore soufré, le Polypore écailleux et le Polypore des brebis.

CHAMPIGNONS À TUBES

POLYPORE SOUFRÉ *(POLYPORUS SULPHUREUS)*

CHAMPIGNONS À TUBES

DESCRIPTION TECHNIQUE DU POLYPORE SOUFRÉ

HABITAT : sur les souches et troncs, morts ou vivants, de feuillus, surtout de chênes, du printemps à l'automne.

CHAPEAU : sessile, semi-circulaire ou en éventail, plusieurs sujets s'imbriquant latéralement et verticalement. Surface bosselée, ridée lisse ou feutrée, zonée concentriquement, jaunâtre, jaune soufre, orange ou saumon, à marge ondulée généralement plus pâle.

TUBES : ronds ou anguleux, jaune citron, jaune soufre, plus pâles avec l'âge.

CHAIR : épaisse, jaunâtre, juteuse, exsudant des gouttelettes jaunâtres chez les jeunes, puis coriace, dure, blanchâtre et cassante chez les plus vieux sujets.

SPORÉE : jaunâtre.

REMARQUE : délicieux. Aussi appelé « Poule des bois » à cause de sa texture comme celle du blanc de poulet.

COMESTIBLE

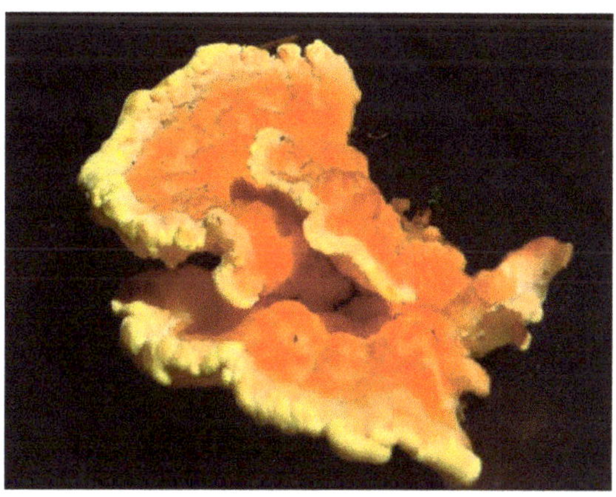

CHAMPIGNONS À TUBES

POLYPORE ÉCAILLEUX *(POLYPORUS SQUAMOSUS)*

CHAMPIGNONS À TUBES

DESCRIPTION TECHNIQUE DU POLYPORE ÉCAILLEUX

HABITAT : isolé ou grégaire (chapeaux superposés) sur souches, arbres renversés ou blessures d'arbres vivants, érables, ormes, saules, peupliers, bouleaux, du printemps à l'automne.

CARPOPHORE : courtement stipité, en éventail ou réniforme, convexe, déprimé près du point d'attache. Bordure d'abord enroulée, ensuite aigüe, plus ou moins ondulée, surface piléique blanchâtre, crème jaunâtre ou brunâtre, ornée d'écailles triangulaires, fibrilleuses brunâtres.

TUBES : décurrents près du point d'attache ou sur le pied, courts, pores anguleux, sous forme d'alvéoles allongées radialement, blancs, crème ou jaunâtres.

CHAIR : blanchâtre, épaisse, tendre et ensuite coriace, au parfum de concombre frais.

SPORÉE : blanche.

COMESTIBLE LORQU'IL EST JEUNE, sinon il est coriace. On peut le faire blanchir et le mariner en gros morceaux.

CHAMPIGNONS À TUBES

POLYPORE DES BREBIS *(POLYPORUS OVINUS)*

Facile à reconnaître, c'est un polypore terrestre, dont la chair jaunit à la cassure. C'est un délicieux champignon que l'on peut consommer cru, mariné ou cuit.

CHAMPIGNONS À TUBES

DESCRIPTION TECHNIQUE DU POLYPORE DES BREBIS

HABITAT : occasionnel, il croît parfois en troupes nombreuses sur le sol dans les bois de conifères ou mixtes. Été, automne.

HAUTEUR : 3 à 8 cm.

CHAPEAU : 5 à 12 cm, circulaire ou un peu irrégulier, convexe, étalé ou déprimé, glabre, parfois crevassé, blanchâtre, jaunâtre ou ocré, parfois grisâtre à la fin, à marge enroulée, puis étalée et mince.

CHAIR : assez épaisse, assez ferme, blanche, jaunissant à la cassure, à odeur et saveur agréables.

TUBES : décurrents, assez courts, aux pores blancs, puis jaunâtres, ronds ou anguleux, fins.

PIED : central ou excentrique, plein, égal ou élargi à la base, puis jaunâtre, glabre ou pruineux.

SPORÉE : blanche.

COMESTIBLE

8. PLIS, AIGUILLONS
et toutes les autres formes

CHAMPIGNONS À PLIS :
CHANTERELLES
p. 251

CHAMPIGNONS
À AIGUILLONS :
HYDNES
p. 268

AUTRES FORMES :
CHAMPIGNONS MORTELS
p. 278

AUTRES FORMES : CHAMPIGNONS COMESTIBLES
p. 286

DIVERS
p. 304

BIZARROÏDES
p. 308

Chanterelles en tube

CHAMPIGNONS À PLIS

CHANTERELLES

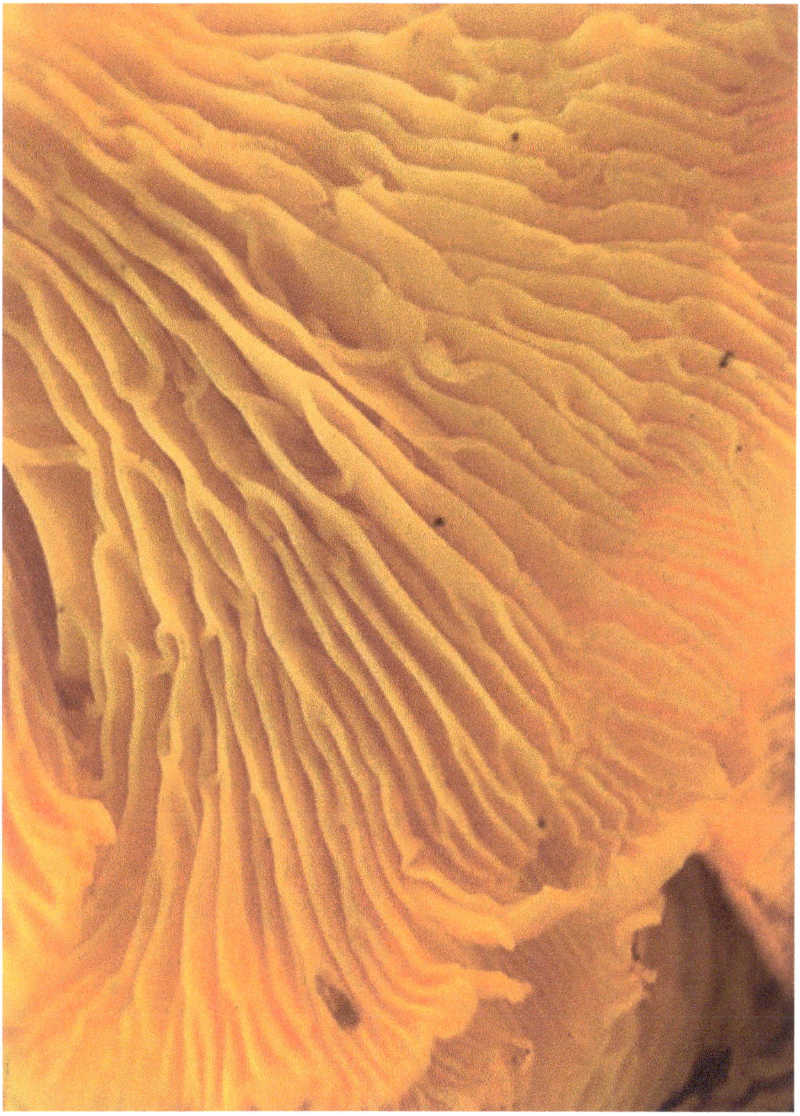

CHAMPIGNONS À PLIS

CHANTERELLES

Belle cueillette de Chanterelles noires (Craterelles)

GÉNÉRALITÉS

Les Chanterelles et Craterelles forment le groupe des champignons dont l'hyménium (surface fertile) a une surface plus ou moins ridée, appelée *plis*. Les plis peuvent ressembler à des lamelles, surtout chez la Chanterelle commune. Contrairement aux lamelles qui sont des structures à part entière sous le chapeau du champignon, les plis sont formés par la surface sous le chapeau du champignon, qui est plus ou moins ridée.

Les champignons à plis sont peu nombreux sur le terrain, à peine six espèces au Québec. Toutes les Chanterelles ont une forme en entonnoir et toutes sont comestibles, la Chanterelle floconneuse est cependant quelque peu laxative pour certaines personnes. Les Chanterelles ont une sporée jaune pâle à jaune ocré.

CHAMPIGNONS À PLIS

CHANTERELLE À FLOCONS *(GOMPHUS FLOCCOSUS)*

Certains auteurs le considèrent comme un assez bon comestible, mais ce champignon peut être indigeste ou laxatif pour certaines personnes.

L'avantage est qu'on la retrouve souvent en assez grande quantité. Si vous tombez sur une talle, essayez-en une petite quantité sautée à la poêle pour déterminer si vous aimez cette espèce et connaître les effets qu'elle pourrait avoir sur vous. Elle peut aussi être séchée et mélangée à un mélange forestier, ou cuisinée avec d'autres champignons.

CHAMPIGNONS À PLIS

CHAMPIGNONS À PLIS

DESCRIPTION TECHNIQUE
DE LA CHANTERELLE À FLOCONS

HABITAT : assez commune, elle croît isolée ou en touffes, sur le sol, dans les bois de conifères ou mixtes, en fin d'été et à l'automne.

HAUTEUR : 8 à 20 cm.

CHAPEAU : 5 à 15 cm, cylindrique et tronqué au début, puis étalé et évasé, déprimé et finalement en forme de grand entonnoir ou de trompette, à surface intérieure couverte de grosses écailles apprimées (poils couchés et appliqués sur l'organe qui le porte) au sommet, dressées vers le centre, rougeâtre ou jaune orange sur fond pâle.

CHAIR : épaisse vers le bas, amincie vers la marge, blanche ou blanchâtre, coriace ou un peu fibreuse, à odeur et à saveur douces.

PLIS : veinés et fortement décurrents, c'est-à-dire qu'ils descendent le long du pied, ou plutôt sur toute la surface extérieure du champignon, puisque le pied est très peu distinct, à cause de sa forme en trompette.

SPORÉE : ocrée.

COMESTIBLE

CHAMPIGNONS À PLIS

CHANTERELLE EN TUBE
(CANTHARELLUS TUBAEFORMIS)

Petite Chanterelle qui pousse dans les milieux humides, tourbières, souvent en grandes quantités.

CHAMPIGNONS À PLIS

DESCRIPTION TECHNIQUE
DE LA CHANTERELLE EN TUBE

HABITAT : commune dans la mousse, les sphaignes et les lieux humides dès la fin juillet et jusqu'à l'automne

HAUTEUR : 3 à 10 cm.

CHAPEAU : 2 à 6 cm, en entonnoir, non perforé au centre au début, mais le devenant à la fin, inégal, floconneux, ocre sale, à marge incurvée puis relevée, crénelée ou lobée.

CHAIR : mince, fragile, jaunâtre, à odeur et à saveur faibles.

PLIS : lamelliformes décurrents, assez espacés, ramifiés et interveinés obtus à l'arête, gris jaunâtre ou gris brunâtre.

PIED : égal ou aminci vers la base, creux, rond ou comprimé, ocre orangé ou jaune sale.

COMESTIBLE

CHAMPIGNONS À PLIS

CHAMPIGNONS À PLIS

DESCRIPTION TECHNIQUE
DE LA CHANTERELLE CLAVIFORME
(GOMPHUS CLAVATUS)

Il y a environ une dizaine d'années de cela, je trouvais régulièrement ce champignon que j'aimais beaucoup. Mais, depuis le début des années 2000, mystère, hasard, température; j'en trouve très peu.

HABITAT : occasionnel, il croît en troupes parfois très denses, sur le sol, dans les bois de conifères ou mixtes.

HAUTEUR : 3 à 10 cm

CHAPEAU : il a une forme de gros cône renversé, chamois.

PLIS : surface fertile brun vineux, couvre toute la surface du champignon.

CHAIR : épaisse, blanchâtre ou ocre pâle, assez ferme, à odeur douce et à saveur acidulée.

SPORÉE : alutacée pâle ou ocre foncé.

EXCELLENT COMESTIBLE

CHAMPIGNONS À PLIS

CRATERELLE *(CRATERELLUS FALLAX)*
TROMPETTE DE LA MORT

Malgré ce nom morbide, c'est un excellent comestible. Son nom lui vient de sa forme en trompette, de couleur noire. Ce champignon pousse assez fréquemment dans les bois de feuillus ou mixtes. Encore faut-il le trouver!

Il se dissimule dans les sous-bois parmi les feuilles, on le croise probablement souvent sans le remarquer. Quel dommage! Il est absolument délicieux, avec une saveur d'une finesse qui rappelle les bonnes odeurs d'humus de la forêt. Ces jolies trompettes grisâtres, à chair mince, à la surface fertile à peine ridée, méritent le qualificatif de « caviar des bois ».

CHAMPIGNONS À PLIS

DESCRIPTION TECHNIQUE DE LA CRATERELLE

HABITAT : fréquente, le long des sentiers, dans les bois de feuillus, sous les chênes rouges et les hêtres. De juillet à septembre.

CARPOPHORE : 2 à 8 cm de haut, tubuleux puis en forme d'entonnoir profond. Surface intérieure stérile, rugueuse ou un peu squamuleuse, mate, noirâtre, puis brun grisâtre.

CHAIR : mince, friable et noirâtre.

PLIS : lisses au début, puis plus ou moins ridés ou un peu veinés vers la marge, bistre foncé ou cendré, puis brun grisâtre ou brun rosâtre à la fin par la poussière de spores.

SPORÉE : ocre saumon ou cuir rosâtre.

EXCELLENT COMESTIBLE

CHAMPIGNONS À PLIS

CHAMPIGNONS À PLIS

CHANTERELLE COMMUNE *(CANTHARELLUS CIBARIUS)*

Ce merveilleux champignon fait toujours le bonheur des mycologues. Quelle joie de tomber sur une talle de ce délicieux champignon qui, lorsqu'on sait où et quand chercher, n'est pas si rare que ça. Il pousse dès le 24 juin, mais à cette période il est souvent à peine sorti de terre.

Attendez patiemment les journées chaudes de juillet et partez tôt le matin pour éviter les grosses mouches qui piquent et les moustiques qui sont présents dans les bois à cette période de l'été. Vous trouverez alors ce bijou à pleine maturité.

La chanterelle commune est un champignon très recherché pour sa saveur douce un peu poivrée et son parfum fruité. De plus, elle est très riche en vitamine A. Abstenez-vous de tout cueillir, afin de vous assurer la pérennité de votre talle.

Il est très important de ne pas confondre ce délicieux champignon avec le Clitocybe lumineux, une espèce toxique qu'on retrouve occasionnellement au sud du Québec, sur les souches ou les racines enfouies de chênes (voir tableau p. 266).

CHAMPIGNONS À PLIS

Chanterelle commune à différents stades de croissance. Elle peut prendre plusieurs semaines avant d'atteindre sa pleine maturité.

CHAMPIGNONS À PLIS

DESCRIPTION TECHNIQUE
DE LA CHANTERELLE COMMUNE

HABITAT : commune, elle croît parfois en troupes denses dans les bois de conifères, d'arbres feuillus ou mixtes, à l'orée des bois ou dans les clairières. Fin juin à septembre.

HAUTEUR : 3 à 10 cm.

CHAPEAU : 2 à 13 cm. Convexe, devenant aplani, de couleur jaune d'œuf.

MARGE : enroulée, droite puis étalée, plus ou moins ondulée, lobée.

CHAIR : épaisse, ferme, jaunâtre ou blanchâtre, à saveur douce ou légèrement poivrée.

PLIS : surface fertile, l'hyménium est couvert de plis lamelliformes décurrents, serrés, jaune orangé, obtus, assez épais à l'arête.

PIED : court, 1 à 5 cm, égal ou aminci vers le bas, plein, ferme de la même couleur que le chapeau.

SPORÉE : jaune ocré.

EXCELLENT
COMESTIBLE

CHAMPIGNONS À PLIS

RAPPEL

TABLEAU COMPARATIF DES CHAMPIGNONS TOXIQUES POUVANT ÊTRE CONFONDUS AVEC LA CHANTERELLE COMMUNE

CHANTERELLE COMMUNE	PAXILLE ENROULÉ	CLITOCYBE LUMINEUX
COMESTIBLE	MORTEL	TOXIQUE
jaune beurre	brun à jaune sale	jaune orange
espèce terricole	espèce terricole, parfois lignicole	en touffes denses à la base des chênes
bois de conifères ou mixtes	bois de conifères ou mixtes	chênaies
COMMUN	COMMUN	RARE
PLIS	LAMELLES Se détachant facilement de la chair	LAMELLES

Trompettes de la mort, comestibles

CHAMPIGNONS À AIGUILLONS

LES HYDNES

Hydne tête d'ours

CHAMPIGNONS À AIGUILLONS

Hydne sinué

GÉNÉRALITÉS

Les Hydnes sont un groupe de champignons dont les spores sont formées sur de petits aiguillons ou de petites dents. On trouve peu de champignons à aiguillons sur le terrain. Ils sont tous comestibles, mais certaines espèces sont trop coriaces pour la consommation.

Certains Hydnes sont durs comme des Polypores ou fermes comme du caoutchouc, à texture coriace comme du bois. Il reste toutefois quelques espèces intéressantes, tel le délicieux Hydne sinué, qui ne peut être confondu avec aucun autre champignon dangereux, et l'Hydne tête d'ours, lorsque cueilli jeune.

CHAMPIGNONS À AIGUILLONS

HYDNE IMBRIQUÉ *(HYDNUM IMBRICATUM)*

Facile à reconnaître avec son chapeau couvert de grosses écailles brunâtres sur fond brun pâle. Il pousse dans les forêts de conifères.Tout le monde n'appréciera pas le goût robuste et corsé de ce champignon, qui s'accentue au séchage.

CHAMPIGNONS À AIGUILLONS

DESCRIPTION TECHNIQUE DE L'HYDNE IMBRIQUÉ

HABITAT : en forêt de conifères ou mixtes, en fin d'été et en automne.

HAUTEUR : 4 à 12 cm.

CHAPEAU : 5 à 20 cm, aplani-convexe, puis étalé, ferme, orné de grosses écailles disposées en cercles concentriques, de couleur brun foncé ou brun noirâtre sur fond brun pâle.

CHAIR : épaisse, tendre chez les jeunes exemplaires, blanchâtre, brunâtre ou bistre. Odeur faible, à saveur un peu amère, mais non désagréable.

AIGUILLONS : serrés et assez fins, de longueur moyenne, plutôt résistants.

PIED : assez court, central ou un peu excentrique, plein, lisse, gris brunâtre.

SPORÉE : brune.

COMESTIBLE

CHAMPIGNONS À AIGUILLONS

Hydne tête d'ours. Cet Hydne blanc peut être confondu avec l'Hydne corail, tout aussi comestible.

Hydne corail

CHAMPIGNONS À AIGUILLONS

HYDNE TÊTE D'OURS *(HERICIUM RAMOSUM)*
HYDNE CORAIL *(HERICIUM CORALLOÏDES)*

L'Hydne corail et l'Hydne tête d'ours se ressemblent beaucoup, les aiguillons de l'un étant plus longs que ceux de l'autre. Les deux espèces sont très proches génétiquement.

Ce sont de superbes champignons qu'il est toujours impressionnant de découvrir. Ils poussent sur les arbres feuillus morts ou vivants. Ils sont comestibles, il faut choisir les jeunes exemplaires.

DESCRIPTION TECHNIQUE DE L`HYDNE TÊTE D'OURS

HABITAT : il pousse sur les troncs morts ou vivants de feuillus, typiquement sur les branches tombées et les souches. D'août à novembre.

CARPOPHORE : blanc, devenant crème ou jaunâtre avec l'âge. Assez commun.

SPORÉE : blanche.

COMESTIBLE

CHAMPIGNONS À AIGUILLONS

HYDNE SINUÉ *(DENTINUM REPANDUM)*

Communément appelé « Pied de mouton » (je cherche toujours le lien avec le pied d'un mouton), ce champignon est facile à reconnaître. À première vue, il ressemble à une Chanterelle par la couleur de son chapeau, mais aussitôt qu'on le retourne, on remarque les petits aiguillons sous le chapeau. Sa chair est friable (cassante), il faut donc le manipuler avec soin.

On le mange plutôt frais que séché, car il perd de la saveur et de la texture. Il importe de le cueillir le plus proprement possible, parce que difficile à nettoyer une fois les aiguillons salis. Si on tient à le conserver, on peut le congeler.

CHAMPIGNONS À AIGUILLONS

DESCRIPTION TECHNIQUE DE L'HYDNE SINUÉ

HABITAT : isolé ou en troupes sur le sol dans les forêts de feuillus ou mixtes. Du mois d'août à novembre.

HAUTEUR : 4 à 10 cm.

CHAPEAU : convexe, plat ou déprimé, glabre, lisse ou craquelé, chamois, orangé, ou blanchâtre, à marge enroulée, puis étalée à la fin.

CHAIR : assez épaisse, friable, blanche devenant jaune brun au froissement. Odeur et saveur douces, amarescentes à poivrées.

AIGUILLONS : courts, inégaux, serrés, décurrents, fragiles, crème ou blanchâtres.

PIED : central ou excentrique, ferme, plein, égal ou renflé à la base, sec, chamois.

SPORÉE : crème ou crème pâle.

EXCELLENT
COMESTIBLE

Photo page précédente:
Photo macro des aiguillons d'un hydne sinué.
Malgré le nom et l'apparence, les aiguillons des champignons ne sont pas piquants!

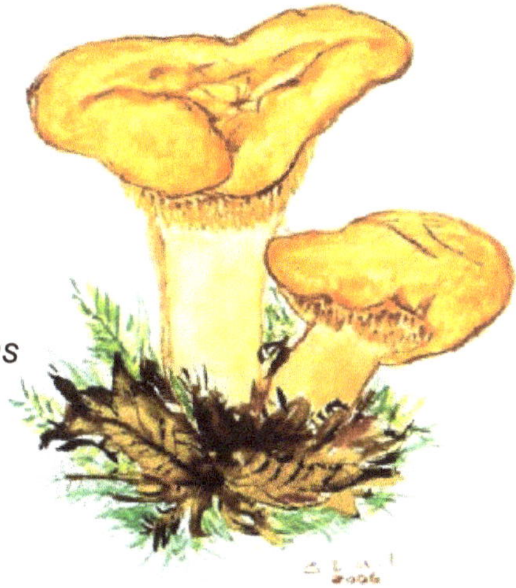

AUTRES FORMES

GÉNÉRALITÉS

Ce cinquième groupe de champignons comprend toutes les espèces qui ne sont pas à lamelles, à plis, à tubes ou à aiguillons. Ils ont d'autres formes et d'autres modes de reproduction.

AUTRES FORMES

GÉNÉRALITÉS

En raison de leurs formes particulières, ils sont assez faciles à différencier les uns des autres (contrairement à certaines espèces de champignons à lamelles) et leur comestibilité varie selon l'espèce. Ils produisent aussi des spores, mais il est rare qu'on ait recours à ce procédé pour identifier un spécimen.

CLAVAIRES : champignons en forme de chou-fleur ou de corail.

PHALLES : champignons en forme de phallus, avec les spores contenues dans une masse malodorante et gluante.

PÉZIZES : champignons en forme de coupe. Spores à l'intérieur de la coupe.

VESSES-DE-LOUP, SCLÉRODERMES, GÉASTRES : en forme de boules avec les spores à l'intérieur.

DIFFORMES : Trémelle (gélatine), Mitrule, Xylaire, Cordyceps (massue), Léotie.

MORILLES : spores formées sur des alvéoles.

GYROMITRES : spores formées sur la surface cérébriforme.

HELVELLES : spores formées sur la surface en forme de selle.

MYXOMYCÈTES : plasma unicellulaire qui se déplace sur son support avant de s'y fixer.

AUTRES FORMES : MORTELS ET TOXIQUES

LES GYROMITRES

Les Gyromitres sont des parmi les premiers champignons à sortir au printemps. Ils sortent bien avant les Morilles, soit dès le mois d'avril aussitôt que la neige fond, et ils demeurent longtemps sur le terrain sans pourrir. Ils sont faciles à identifier, leur surface fertile ressemble à une cervelle plus ou moins ridée, d'un beau brun rougeâtre.

On doit s'abstenir de consommer les Gyromitres pour plusieurs raisons. Longtemps, ils ont été considérés comme comestibles à condition de les faire bouillir, de jeter l'eau de cuisson et de les recuire. On disait aussi que le séchage éliminait les toxines.

Cependant, il est prouvé que ni la cuisson ni le séchage n'éliminent toutes les toxines du champignon. Or, une fois ingérées, ces toxines ne s'éliminent pas rapidement dans l'organisme et s'accumuleraient suite à chaque consommation (sur une période d'un mois par exemple).

AUTRES FORMES : MORTELS ET TOXIQUES

Le Gyromitre : champignon mortel

De plus, la différence entre la dose inoffensive et la dose dangereuse étant très mince, il suffit de peu pour faire pencher la balance du côté de l'empoisonnement. En comparant les taux de mortalité, les empoisonnements à la Gyromitrine sont les deuxièmes empoisonnements les plus dangereux.

Type d'empoisonnement	Taux de mortalité
Empoisonnement à l'Amanite vireuse	50 %
Empoisonnement à la Gyromitrine	6 %
Empoisonnement au Paxille enroulé	2 à 3 %
Empoisonnement à la muscarine, acide iboténique hallucinogène	0 à 1 % Rarement fatal
Empoisonnement coprinien	Rarement fatal
Irritant gastro-intestinal	Rarement fatal

AUTRES FORMES : MORTELS ET TOXIQUES

Il existe plusieurs espèces de gyromitres. Méfiez-vous, elles sont toutes mortelles.

AUTRES FORMES : MORTELS ET TOXIQUES

DESCRIPTION TECHNIQUE DU GYROMITRE

HABITAT : dans les bois de conifères ou mixtes, sur le sol.

RÉCEPTACLE : globuleux, irrégulier ou difforme, crépu, plissé, creux ou lacuneux, jaune ocré puis brunâtre ou rougeâtre foncé, à marge soudée au pied.

CHAIR : mince, cassante, blanche, à saveur et à odeur faibles.

PIED : trapu, parfois élancé, cylindrique ou difforme, lisse ou sillonné, lacuneux, glabre, puis furfuracé, blanchâtre puis brunâtre.

SPORÉE : blanchâtre.

MORTEL

AUTRES FORMES : MORTELS ET TOXIQUES

Différentes sortes d'Helvelles, toutes toxiques.

AUTRES FORMES : MORTELS ET TOXIQUES

HELVELLES

Les Helvelles renferment les mêmes toxines que les Gyromitres, il faut donc s'abstenir de les consommer. Les Gyromitres et les Helvelles se ressemblent. Cependant, les Gyromitres poussent exckusivement au printemps tandis que les Helvelles poussent à l'automne, sur le bois pourri.

DESCRIPTION TECHNIQUE DES HELVELLES

HABITAT : occasionnelle sur le sol et le bois pourri en forêts de conifères et de feuillus, en été et surtout à l'automne.

RÉCEPTACLE : en forme de selle ou lobé et à large échancrure, à marge enroulée au début, puis rabattue, mais libre du pied.

PIED : renflé vers la base, fortement côtelé, profondément lacuneux, blanc, puis jaunâtre, creux et lacuneux à l'intérieur.

SPORÉE : blanche.

TOXIQUE – DANGEREUX

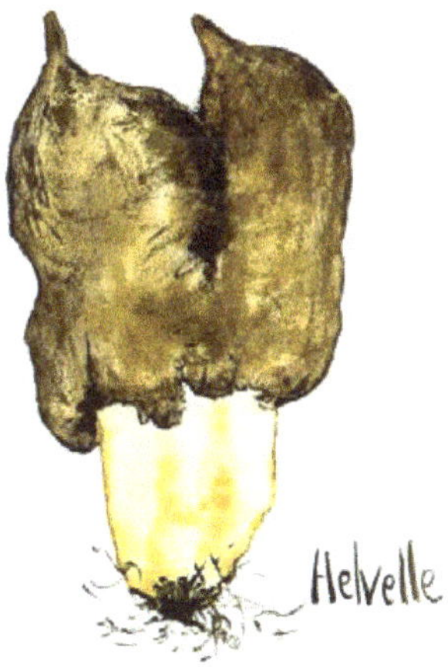

AUTRES FORMES : MORTELS ET TOXIQUES

AUTRES FORMES : MORTELS ET TOXIQUES

SCLÉRODERME

À première vue, le Scléroderme commun *(Scleroderma vulgare)* ressemble à une Vesse-de-loup dont la peau est plus rugueuse et brunâtre. La chair du Scléroderme est ferme et noire (sauf s'il est vraiment tout petit, de la grosseur d'une bille, alors la chair est blanche).

Le Scléroderme vulgaire pousse à la fin de l'été et en automne, en petites troupes solitaires, dans les lieux dégagés et les bois aérés de feuillus. On ne consomme pas ce champignon, dont le parfum rappelle celle du caoutchouc ou des pneus.

Sclérodermes communs. Toxiques.

AUTRES FORMES : COMESTIBLES
ou sans intérêt

Photo de gauche : les deux Morilles à droite sont trop âgées pour être consommées

AUTRES FORMES : COMESTIBLES ou sans intérêt

MORILLES

Les Morilles sont de petites merveilles et les meilleurs champignons de ce groupe. Il faut les chercher cependant, car elles sont quelque peu difficiles à repérer. Elles poussent au printemps, lorsque les feuilles commencent à sortir.

DESCRIPTION TECHNIQUE DE LA MORILLE

HABITAT : sur le sol, dans les boisés d'arbres feuillus, à l'orée des bois et dans les lieux dégagés, lieux incultes, terrains vagues, friches, endroits où la terre a été remuée, bords de rivières, jardins, sites d'incendie, anciens vergers, au pied des lilas.

RÉCEPTACLE : cylindrique ou conique obtus, creux, formé d'alvéoles ronds ou anguleux, disposés irrégulièrement, jaune ocré ou brun jaunâtre, au pied sans vallécules ou dépressions circulaires.

PIED : creux, égal ou renflé à la base, lisse ou sillonné, glabre, blanchâtre ou jaunâtre.

SPORÉE : jaunâtre en tas.

EXCELLENT
COMESTIBLE

AUTRES FORMES : COMESTIBLES
ou sans intérêt

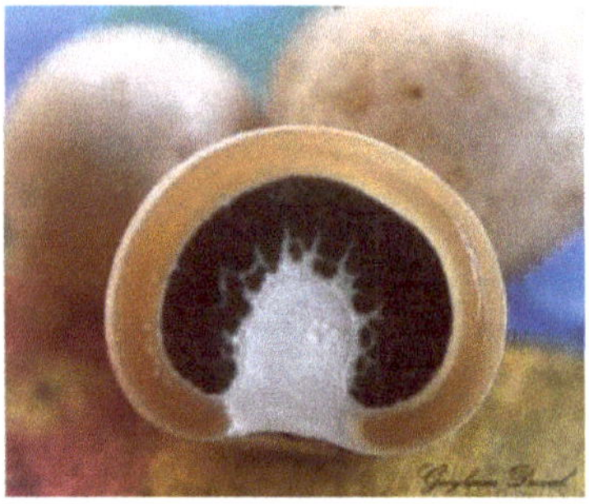

Coupe transversale d'une Phalle encore dans l'œuf

PHALLES

Voici le plus bel exemple que la comestibilité d'un champignon n'a rien à voir avec son parfum.

Les Phalles sont des champignons étranges et fascinants. Leur odeur pestilentielle est essentielle à la reproduction de l'espèce.

L'odeur de viande pourrie qu'elles dégagent attire les mouches qui ingèrent la substance verdâtre contenant les spores. Les mouches distribuent les spores qui collent à leurs pattes et dans leurs excréments.

Ce champignon est parfaitement comestible. Dans certains pays, notamment en Chine où il pousse en abondance dans certaines forêts, il est considéré comme un puissant aphrodisiaque et un met délicat! Lorsqu'il est encore dans l'œuf, le champignon ne dégage aucune odeur particulière.

AUTRES FORMES : COMESTIBLES ou sans intérêt

DESCRIPTION TECHNIQUE DES PHALLES

HABITAT : isolé ou en petits groupes au sol ou sur le bois pourri, sur les copeaux, et autres débris végétaux, dans les jardins, les parcs, le long des sentiers, en été et en automne.

CORPS FRUCTIFÈRE : d'abord sous la forme d'un œuf, fixé au substrat par un rhizomorphe ou des cordons mycéliens à la base, souvent à demi enfoui et s'ouvrant au sommet, d'où s'élève un pied constitué d'un tube formé d'un tissu alvéolé rose, fragile, à tête fertile, ovale ou conique, terminée en pointe, rouge incarnat, recouverte d'une glèbe brun olivâtre, visqueuse, déliquescente et nauséabonde.

SPORÉE : incorporée à la glèbe.
(La glèbe est le tissu fertile contenant les spores chez certains champignons, comme par exemple les Vesses-de-loup, les Sclérodermes ou les Phalles.)

COMESTIBLE

AUTRES FORMES : COMESTIBLES ou sans intérêt

Exemple de champignons d'une même espèce qui ont une teinte différente selon les nutriments absorbés.

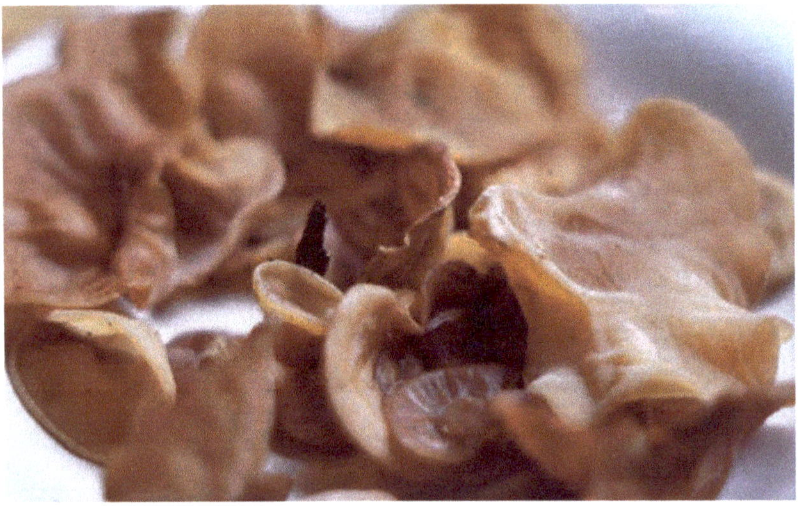

AUTRES FORMES : COMESTIBLES ou sans intérêt

OREILLES DE JUDAS *(AURICULARIA AURICULA-JUDAS)*

L'Oreille de Judas est un champignon brun cannelle, à texture élastique et gélatineuse. On le mange surtout pour sa texture, parce qu'il n'a pas un goût particulièrement prononcé. En Chine, c'est un champignon cultivé et récolté en abondance (champignon noir). On le fait sécher et on l'utilise dans des soupes.

DESCRIPTION TECHNIQUE DES OREILLES DE JUDAS

HABITAT : communes, elles poussent parfois en grand nombre sur le bois mort. En été et jusqu'à tard l'automne.

CARPOPHORE : sessile, étalé, réfléchi ou parfois couché sur le bois, généralement cupulé et plissé ou veiné, à la surface inférieure comme une oreille humaine, au contour plus ou moins orbiculaire, à surface supérieure convexe ou irrégulière, velouté-tomenteuse, jaune brunâtre, brun cannelle, devenant presque noire.

CHAIR : gélatineuse, tenace, élastique et translucide, à odeur et à saveur nulles.

SPORÉE : blanche.

COMESTIBLE

AUTRES FORMES : COMESTIBLES
ou sans intérêt

Clavaire cendrée

LES CLAVAIRES

Les Clavaires sont des champignons en forme de chou-fleur ou de corail. On en connaît une vingtaine d'espèces au Québec qui se distinguent par la couleur, la longueur et la robustesse du pied et autres traits. Ils sont souvent assez peu documentés dans la littérature québécoise.

La plupart ne sont pas appréciés à cause de leur saveur souvent âcre ou insipide. Quelques-uns, notamment la Clavaire élégante, peuvent causer des ennuis gastro-intestinaux.

AUTRES FORMES : COMESTIBLES ou sans intérêt

DESCRIPTION DE LA CLAVAIRE CENDRÉE
(CLAVINUS CINERA)

HABITAT : forêts de conifères ou mixtes, au sol, dans les mousses et sur l'humus. De juillet à octobre.

HAUTEUR : 2 à 10 cm.

CLAVULES : coralloïdes, sessiles ou à pied peu distinct, blanchâtres, devenant grisâtres avec l'âge.

CHAIR : blanche, tenace ou plus ou moins flexible. À odeur et à saveur faibles, mais agréables.

SPORÉE : blanche.

COMESTIBLE

AUTRES FORMES : COMESTIBLES
ou sans intérêt

CLAVAIRE DORÉE *(RAMARIA AUREA)*

Ne pas confondre avec Clavaire élégante *(Ramaria formosa)*, qui peut causer des ennuis gastro-intestinaux.

AUTRES FORMES : COMESTIBLES ou sans intérêt

DESCRIPTION TECHNIQUE DE LA CLAVAIRE DORÉE

HABITAT : commune dans les bois de conifères ou mixtes, à partir des mois d'août-septembre.

HAUTEUR : 10 à 20 cm.

CLAVULES : très ramifiés, en touffes robustes, en forme de chou-fleur épais, à rameaux courts, très divisés, serrés, aux extrémités obtuses, cylindriques et denticulées, jaune d'or ou jaune d'œuf, plus foncées à la fin.

CHAIR : assez ferme, fragile, blanche, inodore et à saveur forte.

SPORÉE : crème.

COMESTIBLE

AUTRES FORMES : COMESTIBLES
ou sans intérêt

CLAVAIRE ÉLÉGANTE *(R. FORMOSA)*	CLAVAIRE DORÉE *(R. AUREA)*	CLAVAIRE STRICTE *(R. STRICTA)*
HABITAT : sur le sol, dans les bois de feuillus	HABITAT : commune dans les bois de conifères ou feuillus	HABITAT : sur les souches pourries, conifères, feuillus
Été, automne	Été, automne	Été, automne
HAUTEUR : 7 à 15 cm	HAUTEUR : 10 à 20 cm	HAUTEUR : 12 à 18 cm
FORME : massive, rameaux cylindriques serrés, à entrenœuds courts, souvent dressés, rose chamois ou ocré-rosâtre	FORME : en forme de chou-fleur, tronc court, épais, ferme, rameaux courts, très divisés, serrés, aux extrémités obtuses cylindriques et denticulées	FORME : nombreux rameaux dressés fastigiés, raides cylindrique

Source : http://www.first-nature.com

TABLEAU COMPARATIF
DES CLAVAIRES AUX COULEURS JAUNÂTRES

CLAVAIRE ÉLÉGANTE *(R. FORMOSA)*	**CLAVAIRE DORÉE *(R. AUREA)***	**CLAVAIRE STRICTE *(R. STRICTA)***
COULEUR : rose chamois ou ocré-rosâtre	COULEUR : jaune d'œuf	COULEUR : fauvâtre carné, brun cannelle
CHAIR : fragile, blanche; devenant brun vineux au froissement	CHAIR : assez ferme, plutôt fragile, immuable au froissement	CHAIR : tenace, pliable
Saveur un peu amère ou acidulée	Inodore et sans saveur forte	Saveur amère, poivrée, odeur aromatique d'anis
SPORÉE : ocrée	SPORÉE : crème ou ocre	SPORÉE : ocre rouillé, cannelle
LAXATIVE	**COMESTIBLE**	**SANS INTÉRÊT**

AUTRES FORMES : COMESTIBLES ou sans intérêt

Les Mitrules irrégulières ressemblent à des petits lutins qui courent les bois et qui figent lorsqu'on les regarde, pour reprendre leurs jeux aussitôt qu'ils sont hors de notre champ de vision.

AUTRES FORMES : COMESTIBLES ou sans intérêt

MITRULE IRRÉGULIÈRE *(NEOLECTA IRREGULARIS)*

Très commune et facile à identifier, la Mitrule irrégulière se présente en petites languettes orange vif qui poussent sur le sol des bois de conifères. Ce champignon peut mettre de la couleur dans une salade (puisqu'il se mange cru) ou être séché et donner du volume et de la couleur à un mélange forestier.

DESCRIPTION TECHNIQUE
DE LA MITRULE IRRÉGULIÈRE

HABITAT : sur les tapis d'aiguilles de sapin et d'épinette, où elle forme des colonies parfois nombreuses. Été, automne.

HAUTEUR : de 2 à 6 cm

RÉCEPTACLE : claviforme, spatulé en forme de languette, comprimé, jaune d'œuf ou jaune vif.

CHAIR : assez mince, blanche, sans odeur ni saveur.

SPORÉE : blanche.

COMESTIBLE

AUTRES FORMES : COMESTIBLES
ou sans intérêt

Aussi appelée « beurre de sorcière », la Trémelle mésentérique pousse sur le bois mort de feuillus. Sa couleur peut varier de jaune vif à orange.

AUTRES FORMES : COMESTIBLES ou sans intérêt

TRÉMELLE MÉSENTÉRIQUE *(TREMELLA MESENTERICA)*

Vous avez sûrement remarqué les excroissances difformes et jaune orangée de la Trémelle mésentérique sur les vieilles souches. On l'appelle communément « beurre de sorcière », qui est tellement plus poétique.

Quoique sa saveur soit presque nulle, on peut consommer cet étrange champignon en salade; sa texture gélatineuse est sa qualité gustative la plus remarquable.

S'il vous prend l'idée de le faire cuire dans un peu d'huile, il pétillera et frétillera dans la poêle (portez des lunettes de sécurité)... et il n'en restera que quelques miettes! Ce champignon est en effet plein d'eau et lorsque celle-ci est retirée, il ne reste plus grand-chose.

DESCRIPTION TECHNIQUE
DE LA TRÉMELLE MÉSENTÉRIQUE

HABITAT : commune sur le bois morts de feuillus en fin d'été et en automne.

CARPOPHORE : cérébriforme, plissé, lobé ou tuberculeux, gélatineux-tenace, jaune d'or ou orangé.

COMESTIBLE
Sans saveur particulière, surtout intéressante par sa texture. Se mange crue, une fois bien lavée.

AUTRES FORMES : COMESTIBLES
ou sans intérêt

VESSE-DE-LOUP PERLÉE *(LYCOPERDON PERLATUM)*
PET-DE-LOUP

Les Vesses-de-loup sont faciles à reconnaître : ce sont des boules plus ou moins blanches qui, une fois à maturité, produisent une poudre verdâtre qui s'envole en fumée sous la pression.

Les Vesses-de-loup sont comestibles lorsqu'elles sont blanches et fermes à l'intérieur. Lorsqu'elles commencent à mûrir, elles deviennent verdâtres et molles, puis la glèbe (matière fertile à l'intérieur du champignon) devient poudreuse et s'échappe par un trou au sommet du champignon.

AUTRES FORMES : COMESTIBLES ou sans intérêt

DESCRIPTION TECHNIQUE
DE LA VESSE-DE-LOUP PERLÉE

HABITAT : commune. Elle croît sur le sol, isolée ou en troupes, rarement sur le bois pourri, dans les bois de feuillus et de conifères. En été et en automne.

CARPOPHORE : 2 à 5 cm de diamètre, 3 à 7 cm de haut, piriforme, rarement globuleux, au sommet ovoïde ou mamelonné, à base stérile, cylindrique, reliée au sol par de fins filaments. Le dessus est recouvert de petites verrues qui se détachent facilement du corps fructifère. Plus agé, il devient mou, puis s'ouvre sur le dessus pour laisser sortir les spores.

CHAIR : blanche et tendre au début, devient brun verdâtre au centre, puis finalement pulvérulente (qui a l'apparence de la poudre).

SPORÉE : brun olivâtre.

REMARQUE : d'après moi, c'est la seule Vesse-de-Loup qui mérite d'être consommée, avec la Vesse-de-loup géante, qui est facilement reconnaissable par sa grande taille (de 20 à 50 cm) et qui pousse dans les pâturages, les haies, les bosquets ou dans les bois dégagés,
en été et en automne.

COMESTIBLE

AUTRES FORMES : DIVERS

Clavaire fusiforme (Clavulinopsis fusiformis) COMESTIBLE

Léotie visqueuse (Leotia lubrica) COMESTIBLE

AUTRES FORMES : DIVERS

Léotie lubrique (Leotia lubrica) COMESTIBLE SANS INTÉRÊT

Trichoglosse- Langue de terre (Trichoglossum hirsitum) COMESTIBLE SANS INTÉRÊT

AUTRES FORMES : DIVERS

Xylaire polymorphe (Xilaria polymorpha) SANS INTÉRÊT

Xylaire à long pied (Xilaria longipes) SANS INTÉRÊT

AUTRES FORMES : DIVERS

Xylaire ligneux (Xylaria hypoxylon) SANS INTÉRÊT
Candlesnuff (Mêche brûlée d'une chandelle)

Trémelle mésentérique (Tremella mesenterica)
(Mésentère : membrane d'aspect ondulé formé d'un repli du péritoine qui enveloppe l'intestin grêle) SANS INTÉRÊT

AUTRES FORMES : BIZZAROÏDES

LES BIZZAROÏDES

MYXOMYCÈTES - PLASMODE - SLIME MOLD

Leur nom est formé de « myxo », qui signifie gélatineux, gluant, et de « mycète » dont la racine myc- signifie champignon, car les Myxomycètes sont traditionnellement étudiés par les mycologues, bien qu'il s'agisse en fait d'« amibes collectives ». (Source : Wikipédia)

Ils sont constitués d'une masse libre de protoplasme (plasmode) qui peut s'étendre à la surface de leur substrat. Le plasmode se déplace lentement, cherchant les conditions d'humidité et de chaleur les plus favorables à sa fructification. (Nc Neil).

Fleur de Tan
(Fuligio septica)
(Dog vomit slime mold)
SANS INTÉRÊT

AUTRES FORMES : BIZZAROÏDES

LES BIZZAROÏDES

Lycogale du bois (Lycogala epidendrum) SANS INTÉRÊT

Buisson poreux (Ceratiomyxa poroïdes) SANS INTÉRÊT

9. MÉTHODES DE CONSERVATION ET RECETTES

Pied bleu

MÉTHODES DE CONSERVATION

QUELQUES CONSEILS POUR NETTOYER ET CUISINER VOS CHAMPIGNONS

- Garder les champignons au frais.
- Permettre une circulation d'air, ne pas complètement enfermer vos champignons dans une pellicule de plastique ou un sac fermé.
- Utiliser le champignon en entier, sauf quand le pied est très coriace comme chez les Marasmes d'Oréades et le Bolet à pied rouge. Le pied du Bolet à pied rouge se fait très bien sécher et on peut le réduire en poudre pour l'ajouter à un mélange forestier.
- Ne pas peler les champignons.
- Ne pas laisser tremper les champignons.
- Ne pas trop cuire les champignons : ils doivent conserver au moins la moitié de leur humidité.

> ON LAVE À L'EAU OU PAS?
>
> Laver les champignons à texture ferme (Champignon homard et Russules) en les passant rapidement sous l'eau et en les asséchant dans une serviette ou un essuie-tout.
>
> Les champignons moins fermes ont intérêt à être brossés délicatement avec un petit pinceau ou un essuie-tout humide pour enlever les débris et les nettoyer.
>
> Les champignons plus visqueux, tels que le Bolet élégant, devraient être nettoyés rapidement à l'aide d'un essuie-tout. Ne pas les passer sous l'eau.

Préparation des plateaux en prévision du séchage.

MÉTHODES DE CONSERVATION

SÉCHAGE

Couper les champignons en tranches fines et les disposer sur une surface aérée, grille ou moustiquaire. À l'aide d'un ventilateur pointé vers vos champignons, les aérer pendant une douzaine d'heures, en les retournant et les déplaçant de temps à autre.

Lorsqu'ils auront une texture un peu semblable à celle du cuir, mettre les champignons dans un gros bol allant au four et les laisser au four à 150 °F environ ½ heure ou un peu plus, jusqu'à ce qu'il ne reste plus d'humidité et que les champignons se cassent comme des croustilles. (On peut obtenir les mêmes résultats avec un déshydrateur.)

MÉTHODES DE CONSERVATION

Mélange de champignons fraîchement coupés en préparation de séchage

MÉLANGE FORESTIER

Le mélange forestier est un amalgame de champignons divers, de seconde qualité. Par exemple, je ne mets pas de Morilles dans un mélange forestier; elles sont si bonnes par elles-mêmes. Par contre, je mélange les Vesses-de-loup, divers Bolets, les Pleurotes, des Lactaires couleur de suie, les Clavaires cendrées, etc.

Pour utiliser le mélange, réhydrater les champignons dans de l'eau ou tout autre liquide que propose votre recette.

MÉTHODES DE CONSERVATION

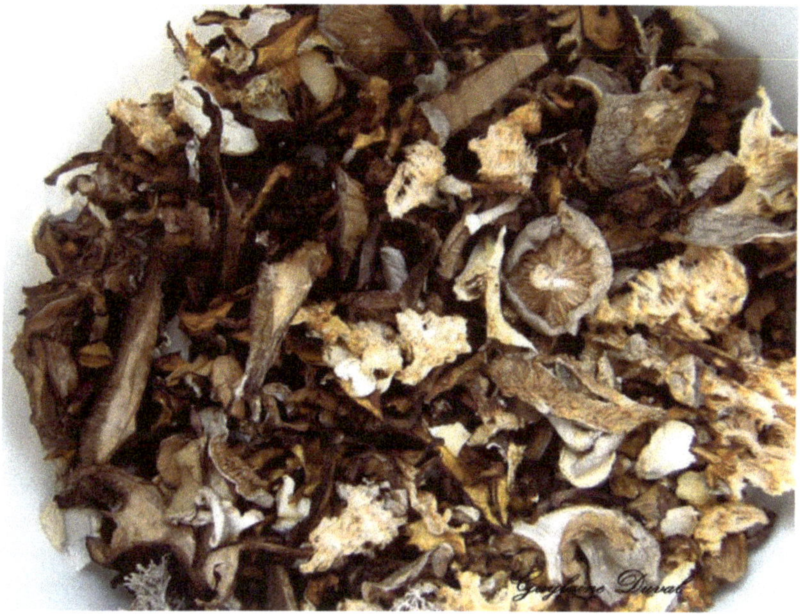

Mélange de champignons séchés avant de les mettre en poudre.

POUDRE DE CHAMPIGNONS

Passer les champignons séchés, de préférence un mélange forestier, au mélangeur électrique jusqu'à l'obtention d'une fine poudre. Saupoudrer sur les pizzas, dans les sauces, sur les viandes (ajouter aux marinades pour les viandes), sur les omelettes, dans l'eau de votre riz bouilli, etc. C'est une bonne façon de les utiliser régulièrement.

MÉTHODES DE CONSERVATION

Mélange de champignons fraîchement coupés avant la demi-cuisson.

CONGÉLATION

Il existe plusieurs techniques de congélation. Certains congèlent les champignons entiers, sans les couper ni les cuire. Au moment de l'utilisation, les champignons sont tranchés alors qu'ils sont encore congelés; autrement, ils seraient trop mous pour être coupés.

Je préfère nettoyer, couper et cuire un peu les champignons (demi-cuisson), puis les mettre dans des sacs au congélateur. Je poursuis ma cuisson au moment de faire ma recette.

Ne pas oublier de noter le nom des espèces sur chaque sac parce qu'une fois congelés, ils se ressemblent tous!

MÉTHODES DE CONSERVATION

Ma fille Clhoé, qui n'aime pas manger les champignons mais qui aime bien les cueillir!

CONGÉLATION POUR LA CHANTERELLE COMMUNE :

Voici une technique de congélation différente qui se prête bien pour les champignons qui sont plus fermes et contiennent moins d'eau, comme la Chanterelle commune ou les très jeunes spécimens de Bolets.

Nettoyer les Chanterelles et les placer délicatement sur une plaque. Mettre au congélateur quelques heures. Une fois congelées, les retirer du congélateur, les mettre dans des sacs de plastique et les remettre au congélateur. Ainsi, vous pouvez prendre les portions dont vous avez besoin sans décongeler tout un sac.

RECETTES

Armillaires couleur de miel marinés

CHAMPIGNONS MARINÉS

Les ARMILLAIRES COULEUR DE MIEL et les LACTAIRES DÉLICIEUX se prêtent bien à cette préparation. Les quantités n'ont pas besoin d'être absolument exactes.

Dans un gros chaudron rempli d'eau, (environ 2 litres) ajouter 1 tasse de vinaigre de votre choix et 15 ml (1 c. à soupe) de sel. Porter à ébullition.

Nettoyer les champignons et les plonger, environ 500 ml (2 tasses) à la fois, dans l'eau bouillante. Compter 5 minutes et retirer du feu. Ajouter le reste des champignons à l'eau bouillante, toujours 500 ml (2 tasses) à la fois.

Mettre les champignons cuits dans une passoire, laisser égoutter et refroidir. (Habituellement, je les mets au frigo et termine ma recette le lendemain avec les champignons froids.) Lorsque les champignons sont bien égouttés, les assaisonner au goût : sel, poivre, fines herbes séchées, tomates séchées, ail cuit.

Couvrir les champignons de vinaigrette. Garder au réfrigérateur et manger comme hors-d'œuvre ou ajouter à des viandes rôties.

RECETTES

SUGGESTION DE VINAIGRETTE

Proportion 1:3 (Exemple : 1/3 de tasse vinaigre pour 1 tasse d'huile).

Pour un goût plus vinaigré, mettre plus de vinaigre. Utiliser de préférence un vinaigre de vin, de cidre ou aromatisé, au choix, et une bonne huile d'olive.

Les champignons se gardent environ 1 mois sans problèmes, tant qu'ils sont couverts d'huile.

Remarque : Pour éviter le Botulisme, qui se développe dans l'huile, ne pas ajouter d'ingrédients frais dans l'huile; les ajouter uniquement au service.

HUILE AUX CHAMPIGNONS SAUVAGES

Ingrédients :

25 g (1 oz) de mélange forestier

750 ml (3 t) d'huile de tournesol ou d'huile de pépin de raisin

Dans un chaudron, faire chauffer l'huile et le mélange forestier à feu très doux (sans faire bouillir) pendant environ 20 minutes. Laisser refroidir, puis remettre l'huile dans la bouteille.

Ajouter quelques champignons séchés pour décorer.
Vous pouvez utiliser les champignons qui ont servi à préparer l'huile dans une autre recette, juste à les réhydrater et à les utiliser comme d'habitude.

RECETTES

SAUCE DUXELLES

Ingrédients :

454 g (1 lb) de champignons hachés fins

60 ml (1/4 t.) d'échalotes ou d'oignons (ou moitié-moitié), hachés

60 ml (1/4 t.) de beurre

2,5 ml (½ c. à thé) de marjolaine

30 ml (2 c. à table) de farine

60 ml (1/4 t.) de vin blanc

30 ml (2 c. à table) de persil frais, haché

sel et poivre au goût

Sauter les champignons et les échalotes au beurre quelques minutes à feu chaud, jusqu'à ce qu'ils soient dorés.

Incorporer sel, poivre, marjolaine et farine, ajouter le vin et cuire en remuant jusqu'à ce que le mélange soit épais.

Retirer du feu et incorporer le persil.

Refroidir et garder au frigo, ou congeler dans un contenant à glaçons.

Quantité : 2 tasses.

Délicieux avec des viandes, dans un sandwich ou dans un hamburger.

RECETTES

BEURRE DE CHAMPIGNONS

Ingrédients :

300 g (10 onces) de champignons séchés de votre choix

15 ml (1 c. à table) de jus de citron

2 gousses d'ail

1 échalote

1 bouquet de persil

250 g (1/2 lb) de beurre ramolli

Sel et poivre

Faire blanchir pendant 5 minutes les champignons dans de l'eau salée.

Hacher finement les champignons mélangés.

Incorporer le jus de citron, les gousses d'ail, l'échalote hachée et le persil (qui aura été ciselé).

Assaisonner de sel et de poivre.

Mélanger le beurre ramolli à la préparation de manière à obtenir une pommade lisse.

Garnir de petits moules et placer au réfrigérateur pendant plusieurs heures.

Accompagner ce beurre de champignons d'un œuf frit avec de belles tranches de jambon.

RECETTES

ENTRÉE D'HUÎTRES AUX CÈPES

Ingrédients :

1 douzaine d'huîtres fraîches

5 ml (1 c. à thé) de cèpes séchés réduits en petits morceaux

Laver les huîtres et les ouvrir en prenant soin de recueillir le jus.

Garder la partie la plus creuse de chaque coquille.

Ajouter une pincée de Cèpes et laisser macérer au moins trois ou quatre heures; jusqu'au lendemain, c'est encore mieux.

Remettre chacune des huîtres dans sa coquille avec un peu de jus et déguster. Servir très froid.

BOUILLON DE VIANDE AU MÉLANGE FORESTIER

Ingrédients :

1 fond de veau

125 ml (1/2 t.) de mélange forestier

1 oignon haché grossièrement

Sel et poivre

Ajouter les champignons séchés au bouillon de votre choix et laisser mijoter au moins 30 minutes. Servir avec ou sans les champignons.

Ce bouillon peut servir de base pour diverses recettes : soupe, bouillon pour faire cuire le riz, etc.

RECETTES

CROÛTES AUX CHAMPIGNONS

Faire légèrement griller des tranches de pain croûté.

Faire rôtir des champignons frais (environ 500 ml ou 2 tasses) dans un peu d'huile avec des échalotes.

Ajouter de la crème 35 % (environ 180 ml ou ¾ tasse) et du fromage de chèvre (environ 30 ml ou 2 c. à table). Laisser épaissir un peu.

Garnir les tranches de pain du mélange champignons-crème et couvrir de fromage (cheddar, mozzarella) ou autre fromage qui grille au four.

Mettre au four et faire griller le fromage. Servir.

VARIATIONS

Remplacer le fromage de chèvre par du fromage bleu, du camembert, etc.

Au lieu de mettre le mélange champignons-crème sur du pain, farcir des crêpes, rouler ou plier en deux, mettre dans un plat allant au four, garnir de fromage et gratiner.

Servir.

Saupoudrer de parmesan et servir le mélange champignon-crème sur des pâtes.

RECETTES

CAMEMBERT CHAUD AUX CHAMPIGNONS SÉCHÉS

Ingrédients :

1 fromage camembert ou brie.

champignons séchés en poudre

De préférence, préparer le fromage la veille, pour que le fromage s'imprègne de la saveur et du parfum des champignons.

Lorsque le fromage est froid, couper le fromage en deux (ou en trois s'il est plus épais) afin d'obtenir deux ou trois galettes.

Saupoudrer de champignons séchés en poudre sur la surface des deux galettes, refermer le fromage et saupoudrer le reste des champignons séchés à t l'extérieur du fromage de manière à l'enrober complètement.

Chauffer au four à feu doux. Le truc est de faire fondre seulement l'intérieur du fromage. (Si vous ratez et que tout fond, c'est quand même très bon).

SOUPE À L'OIGNON AUX CHAMPIGNONS

Champignons suggérés : Morilles ou mélange forestier

250 ml (1 tasse) de champignons séchés que vous ajoutez à votre recette de soupe à l'oignon préférée.

Faire gratiner avec votre mélange de fromage préféré.

RECETTES

OMELETTE JAMBON & CHAMPIGNONS

Ingrédients :

250 gr (1 t.) de jambon en cubes

250 ml (1 t.) de champignons sauvages

1 échalote

4 œufs

125 ml (½ t.) de lait

Ciboulette, persil frais

Sel et poivre

Fromage cheddar fort

Huiler une poêle et faire revenir les champignons, l'échalote et le jambon.

Battre les œufs avec le lait, ajouter la ciboulette, le persil, le sel et le poivre.

Verser les œufs sur la préparation de champignons, d'échalote et de jambon.

Après quelques minutes, saupoudrer de fromage cheddar fort, cuire encore un peu, puis mettre au four et gratiner.

Servir avec du bon pain.

RECETTES

RAVIOLES AUX CHANTERELLES NOIRES

PÂTE À RAVIOLES (À PRÉPARER LA VEILLE)

Ingrédients :

250 ml (1 t) de farine
2 œufs
15 ml (1c. à table) d'huile végétale

Mélanger les ingrédients jusqu'à ce que ce ne soit plus collant et façonner une boule.
(Il n'est pas nécessaire d'utiliser toute la farine.)

Laisser reposer pendant une à deux heures.

Enfariner l'espace et rouler la pâte mince. Couper en rectangles et farcir, plier en deux et coller avec un pinceau et de l'eau froide.

Mettre sur une plaque enfarinée, si vous devez les laisser plus d'une demi-heure sur la plaque avant de les faire cuire, mettre la plaque au congélateur pour éviter qu'ils ne détrempent et collent.

Lorsque vous êtes prêt, mettre dans l'eau bouillante environ 3 à 4 minutes.

Retirer, égoutter et servir avec la sauce noire.

RECETTES

RAVIOLES AUX CHANTERELLES NOIRES

À METTRE DANS LA PÂTE

Ingrédients :
375 ml (environ) (environ 1 ½ t.) de reste de rôti de bœuf, de veau, de porc, d'orignal, de chevreuil
30 g (1 oz) de Trompettes (les effriter entre vos mains, en petits morceaux)
1 œuf battu
130 g (4,5 oz) de fromage de chèvre, température pièce pour qu'il se mélange mieux
60 ml (1/4 t.) de parmesan râpé
Sel et poivre, persil ou autres fines herbes au goût

FARCE : Couper la viande en très en petits morceaux (ou la passer au hachoir) et mélanger aux Trompettes avec l'œuf battu, le parmesan râpé, le fromage de chèvre, sel et poivre, persil ou autres fines herbes au goût.

SAUCE À RAVIOLES : Préparer une sauce à la crème (p.323) mais avec des Chanterelles noires fraîches ou séchées.

RECETTES

PLEUROTES TARDIFS EN PÂTE À CRÊPE

Ingrédients :

Pâte à crêpe

Pleurotes tardifs

Huile à frire

1 œuf battu

250 ml (1 t) de lait (environ)

250 ml (1 t) de farine (environ)

5 ml (1c. thé) de poudre à pâte

Sel et poivre

Autres assaisonnements au goût

La pâte à crêpe devrait être assez épaisse pour bien enrober les champignons.

Nettoyer et couper les Pleurotes tardifs dans le sens des lamelles, en morceaux d'environ 0,5 cm (¼ po).

Dans une friteuse ou un contenant approprié pour la friture, verser suffisamment d'huile à frire pour que les champignons flottent.

Enrober les Pleurotes de pâte à crêpe. Les faire cuire à grande friture jusqu'à ce qu'ils deviennent dorés.

Retirer et laisser égoutter les Pleurotes sur un essuie-tout pour absorber le surplus d'huile.

Manger avec une sauce à trempette de votre choix.

Les Pleurotes ainsi cuisinés ont la texture de pépites de poulet.

RECETTES

AMUSE-GUEULES AUX CHAMPIGNONS SÉCHÉS

PÂTE BRISÉE :

250 ml (1 t) de farine

125 ml (½ t.) de beurre

10 ml (2 c. thé) de poudre à pâte

10 ml (2 c. thé) de sel

125 ml (½ t.) d'eau froide

Préparer une pâte brisée, y ajouter vos champignons séchés réduits en morceaux grossiers (non réhydratés, l'humidité de la pâte et la cuisson feront le travail) ou frais.

Façonner en petites baguettes d'environ 1 cm sur 10 cm (½ x 4 po), tordre légèrement.

Cuire au four à 400 °F jusqu'à une belle couleur dorée. Servir comme amuse-gueule.

VARIATION : on peut aussi y ajouter un peu de fromage râpé (emmental, cheddar ou suisse).

RECETTES

POITRINES DE POULET AUX ROUES DE TRACTEUR

Ingrédients :

2 poitrines de poulet

375 ml (1 ½ t.) de Morilles

Échalote

2,5 ml (½ c. à thé) de cari

180 à 250 ml (¾ à 1 t.) de crème 35 %

1 jaune d'œuf

Poivre

Huile d'olive

Fendre chaque poitrine sur le long en laissant un côté non coupé.

Farcir avec 1 ou 2 Morilles et de l'échalote. Poivrer et ajouter un peu d'huile d'olive. Refermer la poitrine et la déposer dans un plat allant au four.

Cuire au four 350 °F, 30 minutes.

Dans une poêle, cuire doucement le reste des Morilles. Ajouter de la crème avec le jaune d'œuf battu et le cari. Cuire en brassant constamment.

Bonnes Cueillettes et bon appétit !

Guylaine Duval

www.champignonssauvagesdenosbois.com

CLÉ D'IDENTIFICATION DES CHAMPIGNONS À PARTIR DES SPORÉES

CHAMPIGNONS À LAMELLES À SPORÉE BLANCHE

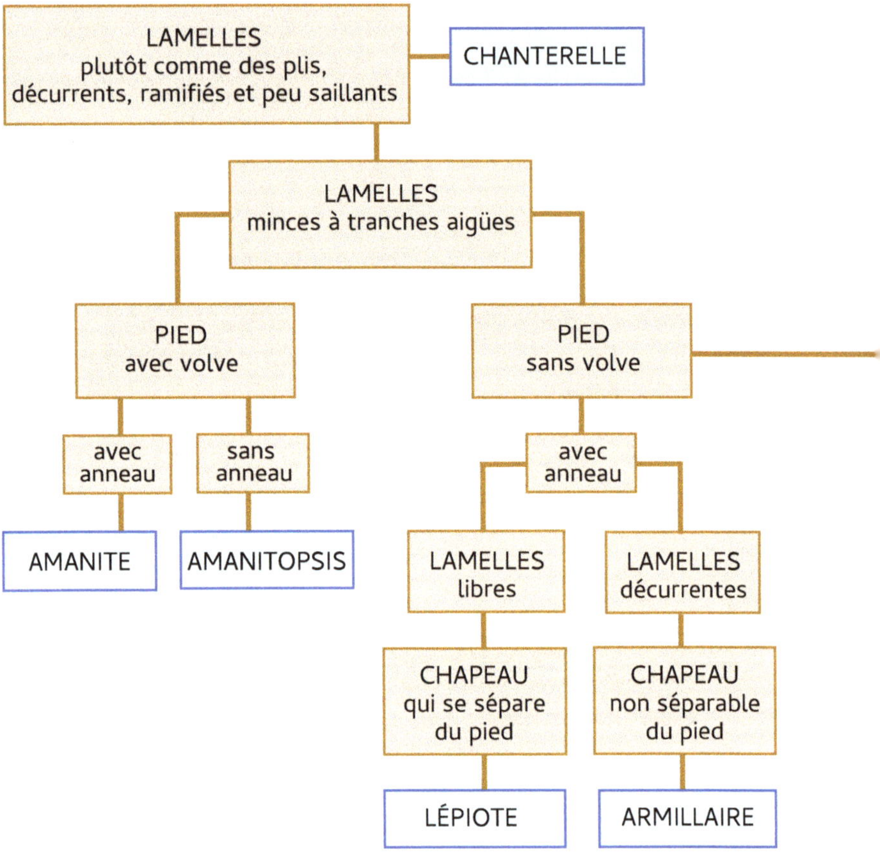

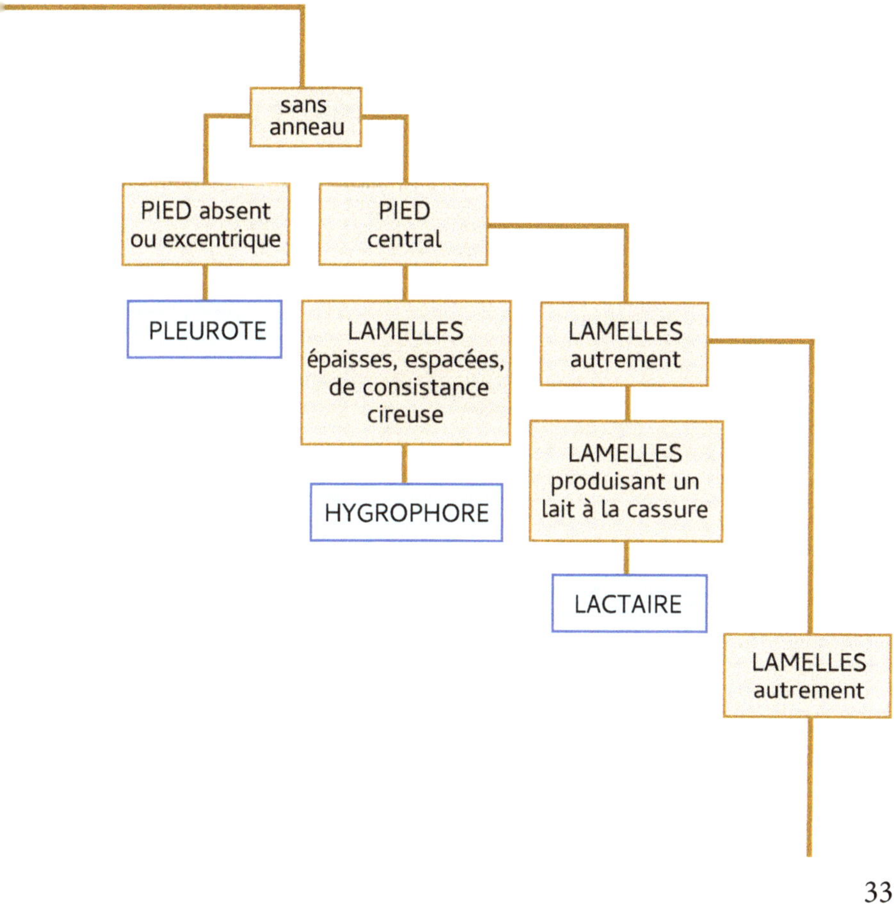
sans anneau
PIED absent ou excentrique
PIED central
PLEUROTE
LAMELLES épaisses, espacées, de consistance cireuse
LAMELLES autrement
HYGROPHORE
LAMELLES produisant un lait à la cassure
LACTAIRE
LAMELLES autrement

CLÉ D'IDENTIFICATION DES CHAMPIGNONS À PARTIR DES SPORÉES

CHAMPIGNONS À LAMELLES À SPORÉE BLANCHE

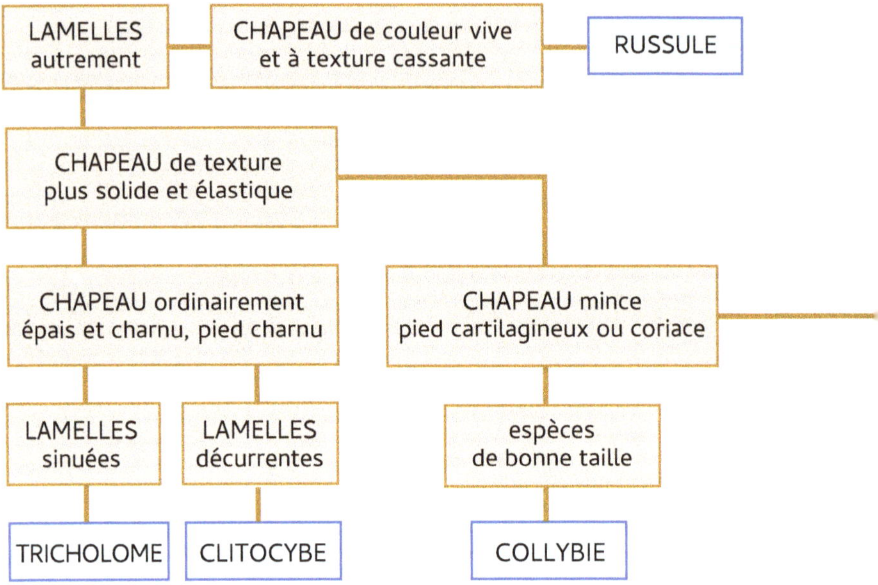

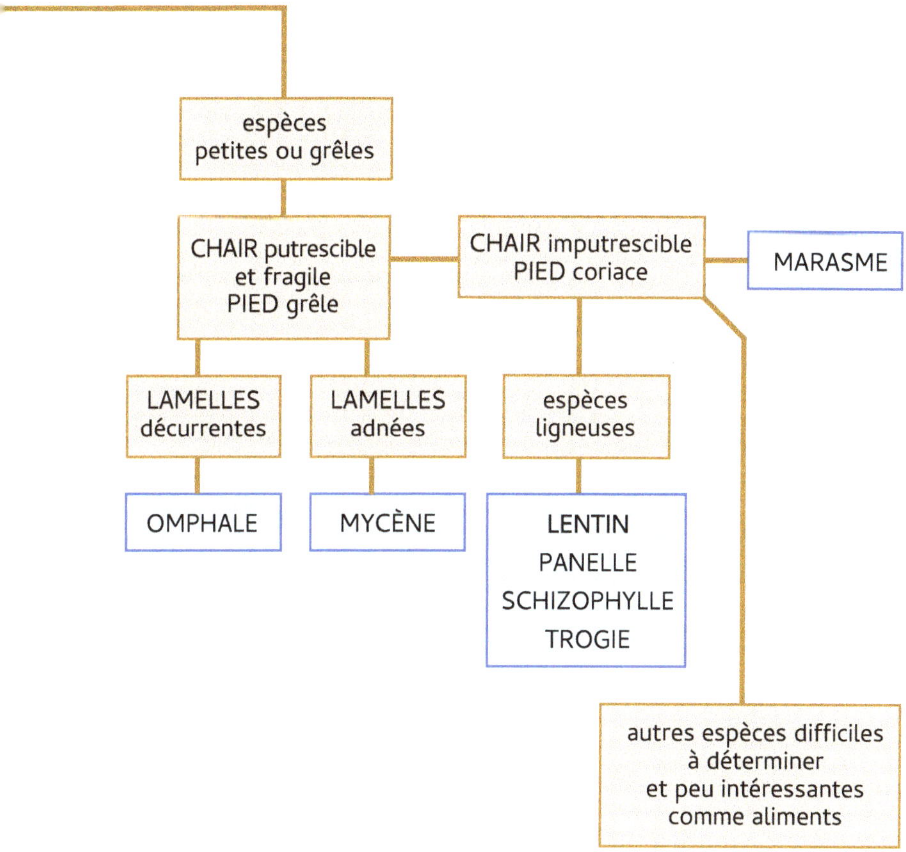
espèces petites ou grêles
CHAIR putrescible et fragile PIED grêle
CHAIR imputrescible PIED coriace
MARASME
LAMELLES décurrentes
LAMELLES adnées
espèces ligneuses
OMPHALE
MYCÈNE
LENTIN
PANELLE
SCHIZOPHYLLE
TROGIE
autres espèces difficiles à déterminer et peu intéressantes comme aliments

CLÉ D'IDENTIFICATION DES CHAMPIGNONS À PARTIR DES SPORÉES

CHAMPIGNONS À LAMELLES À SPORÉE OCRACÉE, BRUNE OU ROSÉE

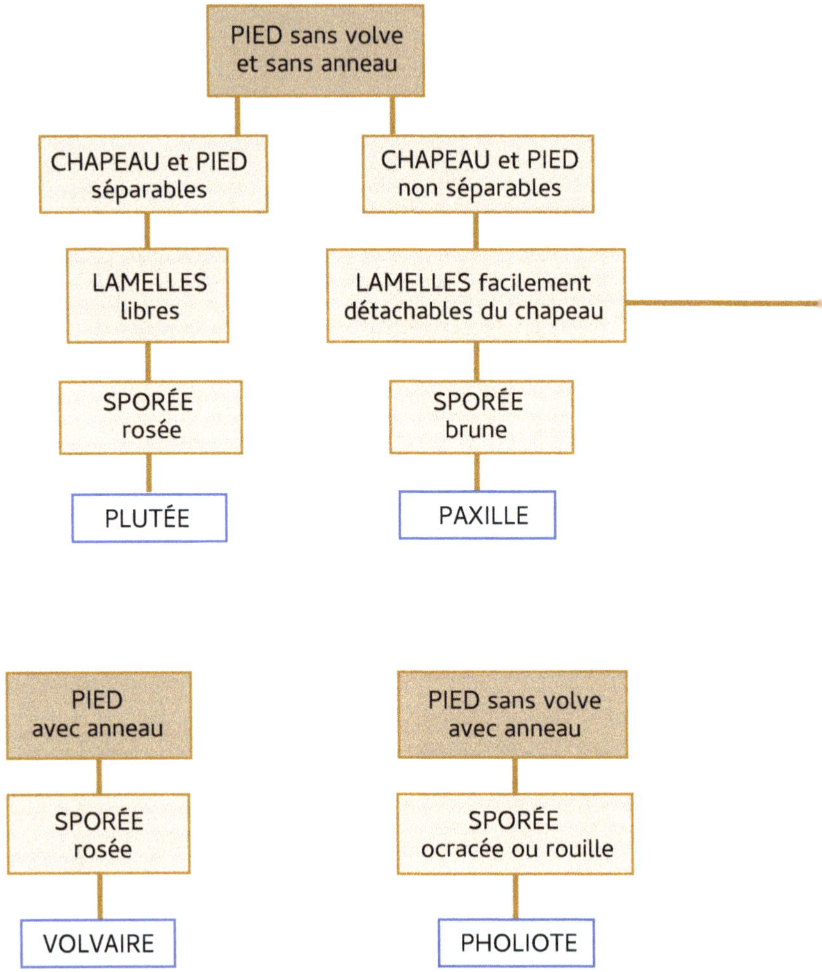

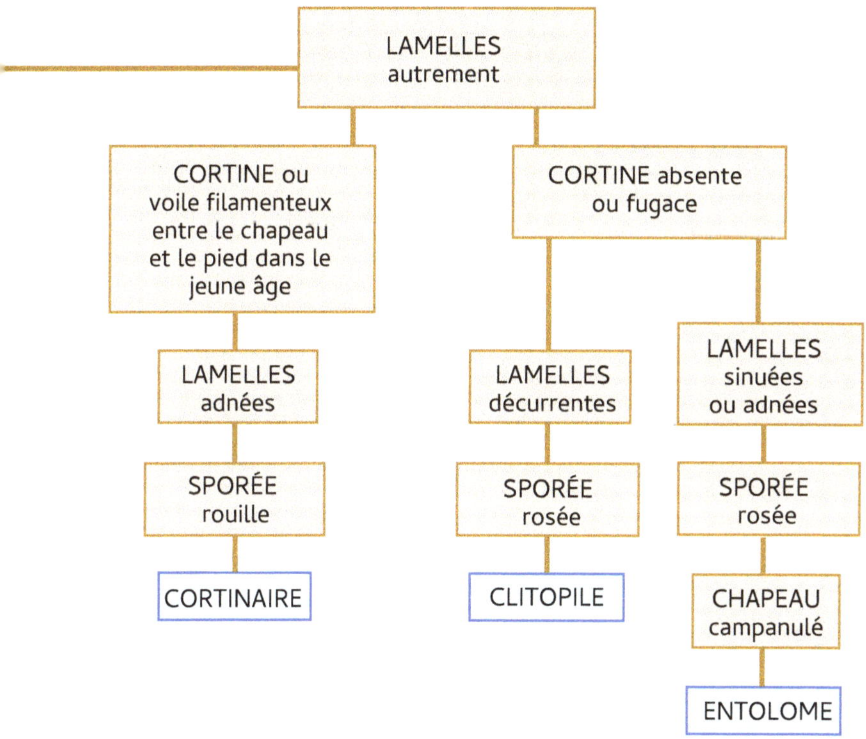
LAMELLES autrement
CORTINE ou voile filamenteux entre le chapeau et le pied dans le jeune âge
CORTINE absente ou fugace
LAMELLES adnées
LAMELLES décurrentes
LAMELLES sinuées ou adnées
SPORÉE rouille
SPORÉE rosée
SPORÉE rosée
CORTINAIRE
CLITOPILE
CHAPEAU campanulé
ENTOLOME

CLÉ D'IDENTIFICATION DES CHAMPIGNONS À PARTIR DES SPORÉES

CHAMPIGNONS À LAMELLES À SPORÉE NOIRE, NOIRÂTRE OU BRUN POURPRE

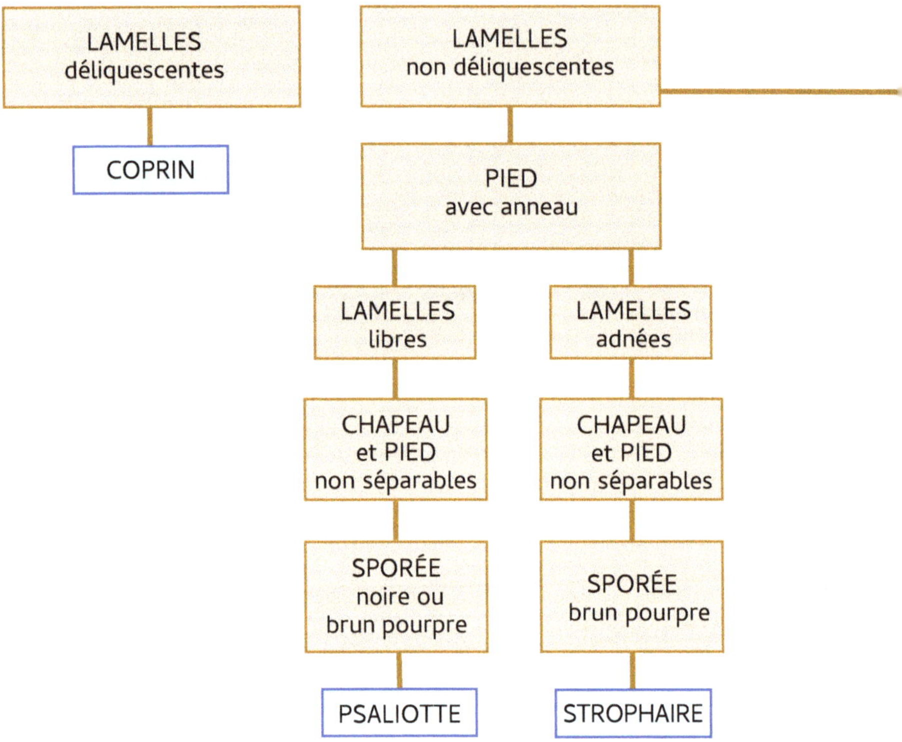

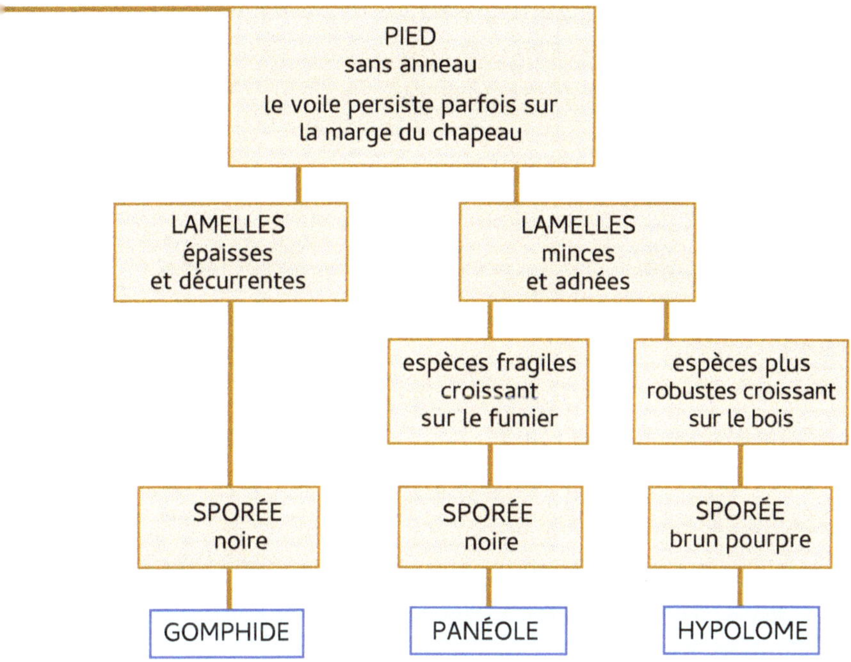
PIED
sans anneau
le voile persiste parfois sur la marge du chapeau
LAMELLES
épaisses
et décurrentes
LAMELLES
minces
et adnées
espèces fragiles croissant sur le fumier
espèces plus robustes croissant sur le bois
SPORÉE
noire
SPORÉE
noire
SPORÉE
brun pourpre
GOMPHIDE
PANÉOLE
HYPOLOME

INDEX DES TABLEAUX, PHOTOS ET ILLUSTRATIONS

INDEX DES TABLEAUX, PHOTOS ET ILLUSTRATIONS

INDEX DES TABLEAUX, PHOTOS ET ILLUSTRATIONS

INDEX DES TABLEAUX, PHOTOS ET ILLUSTRATIONS

INDEX DES TABLEAUX, PHOTOS ET ILLUSTRATIONS

INDEX DES TABLEAUX, PHOTOS ET ILLUSTRATIONS

INDEX DES TABLEAUX, PHOTOS ET ILLUSTRATIONS

INDEX DES TABLEAUX, PHOTOS ET ILLUSTRATIONS

INDEX DES TABLEAUX, PHOTOS ET ILLUSTRATIONS

INDEX DES TABLEAUX, PHOTOS ET ILLUSTRATIONS

INDEX DES CHAMPIGNONS MENTIONNÉS DANS CE LIVRE

NOTE : le chiffre en gras indique la page de la fiche descriptive d'un champignon.

INDEX DES CHAMPIGNONS MENTIONNÉS DANS CE LIVRE

INDEX DES CHAMPIGNONS MENTIONNÉS DANS CE LIVRE

INDEX DES CHAMPIGNONS MENTIONNÉS DANS CE LIVRE

INDEX DES CHAMPIGNONS MENTIONNÉS DANS CE LIVRE

INDEX DES CHAMPIGNONS MENTIONNÉS DANS CE LIVRE

INDEX DES CHAMPIGNONS MENTIONNÉS DANS CE LIVRE

INDEX DES CHAMPIGNONS MENTIONNÉS DANS CE LIVRE

VOIR AUSSI L'INDEX DES TABLEAUX, PHOTOS ET ILLUSTRATIONS, p. 332 à 341

La cueillette miraculeuse

Au petit matin, après une nuit orageuse de juillet
Nous partons à la cueillette de champignons.
La forêt sent l'humus et nous respirons la vie qui bouge en elle.
Nous trouvons déjà quelques Chanterelles
Et des Bolets à peine sortis de terre.
Encouragés par ces petites trouvailles
Nous nous enfonçons dans la forêt en territoire inconnu.

Soudain, dans un bois très accidenté et moussu
Nous trouvons une talle de belles grosses Chanterelles.
Alors qu'on se penche pour cueillir celles qui sont à nos pieds
Nous voyons plus loin, une autre talle.
Partout où notre regard se pose, il y a des Chanterelles!
Nous crions et sautons de joie.
Même le chien bondit d'allégresse
À nous voir sauter et courir d'une talle à l'autre
Ne sachant où donner de la tête.
Nous sommes grisés par tant d'abondance.
Nous emplissons nos paniers, qui débordent rapidement.
Au fond d'une poche un vieux sac…
Même nos gilets servent de contenant de fortune.

Lourds de notre précieux butin
Le cœur léger, nous prenons le chemin du retour.
La route est longue.
Le soleil a dissipé les nuages.
La chaleur accablante de juillet fait sortir les grosses mouches à chevreuils
Et elles s'en donnent à cœur joie
À nous tourner autour de la tête et à nous piquer.
Mais il en faudrait bien plus pour nous faire lâcher prise.

Nous sommes riches comme des rois et heureux comme des Dieux,
Chargés de ce butin miraculeux.
De retour à la maison, c'est la fête.
On nous accueille à grands cris
Lorsqu'on déballe notre trésor et qu'on raconte notre aventure.

En plein cœur de l'hiver,
Par une journée de grand froid,
Je sors du congélateur un petit sac de Chanterelles.
Souvenir de cette journée inoubliable.
Alors qu'elles mijotent doucement,
Je me penche au-dessus de la poêle,
Les yeux fermés, pour mieux les humer.
Pour un bref instant
Je suis transportée dans cette forêt
Et c'est alors que je comprends
Le goût de la Chanterelle.

Elle goûte comme cette forêt après la pluie.
Elle goûte le sapin, la mousse, la terre, la pluie, le soleil et les chevreuils.
Elle goûte la joie et l'allégresse.

Guylaine Duval

www.ingramcontent.com/pod-product-compliance
Lightning Source LLC
LaVergne TN
LVHW050908210926
848482LV00012B/371
* 9 7 9 8 9 0 1 9 0 3 2 0 9 *